U0255167

多多 读书

二十四节气的秘密

喜马拉雅APP 著

北京联合出版公司

Beijing United Publishing Co.,Ltd.

爸爸，枫叶为什么那么红？

我要带着孩子，一起寻找答案。

孩子，我希望你始终
对这个世界怀着好奇心

孩子经常问我各种各样的问题：

萤火虫为什么会一闪一闪地发光？

大雁飞的时候为什么要排队？

枫叶为什么那么红，而别的树叶不会变红呢？

小动物冬眠的时候也会做梦吗？

作为父母，孩子的每一个问题都是一次考验。我常想，孩子的问题意味着什么？我当然知道这是孩子的好奇心，是他们的天性。

但好奇心只是孩子对未知世界的发问吗？

我想好奇心不只是这么简单。好奇心是孩子对这个世界的懵懂认识，是孩子内心一颗幼小可爱的种子，它需要知识不停地浇灌，需要爱心好好呵护。

当大人们只会判断对错，只会回答"是什么"的时候，孩子最想知道的是"为什么"。

所以，孩子提出的问题，不只是通过查询手机、翻阅百科全书就能得到答案。它考验的不只是父母的知识储备，更是该如何教育孩子，希望孩子如何去看这个世界。

如果孩子将世界看作一张问卷，最终他能得到的只是分数；如果孩子将世界看作一场冒险，他得到的将是精彩的一生。

我希望我的孩子，始终怀着好奇心面对这个世界，所以我要给予她的就不只是提供答案这么简单。

我要带着孩子，一起寻找答案。

我要陪她站在雪地里凝视每一朵雪花；

我们要静坐在海边数着来来回回的海浪；

我要和她一起感叹角落里最微小的美；

然后倒数着，期待每次日出日落的惊艳。

这是我想要给予孩子的学习方式，也是我希望我的孩子能够体会到的世界。

我希望能和父母们一起探索世界、解答孩子的问题。《多多读书：二十四节气的秘密》正是通过讲故事的方式，鼓励孩子用自己的眼睛去观察，让她带着好奇心去探索、发现大自然的秘密。如是，即使生活在高楼林立的城市，我们还是能从身边细微的环境变化中，感受到大自然的魅力。

《多多读书》分为两大版块：多多读诗和多爸讲节气。小朋友可以跟着多多一起诵读诗词和童谣，用文字的美来想象和感受自然。然后爸爸妈妈们给孩子们讲每个节气的物候知识、自然变化、民俗文化和传说故事。

通过 24 个节气，希望我们能留住孩子的好奇心，教会他们用自己的智慧和眼睛去寻找自然的答案，永远用一颗宝贵的好奇心来迎接这个世界。

孩子是世界给我们的一张考卷，通过《多多读书》，希望我们能和孩子一起，重新发现这个有趣的世界。

春暖花开，

正是立志的好时机

目录

生如夏花
————
之绚烂

秋季

我言秋日

胜春朝

冬季

绝爱初冬
———————
万瓦霜

潘川/绘 那年

春季

春暖花开，
正是立志的好时机

春三月有六气：立春、雨水、惊蛰、春分、清明、谷雨。

春天天地俱生，万物萌芽。立春过后，连风都会给人一种温暖的感觉。

随后来一场"润物细无声"的春雨，大地一派欣欣向荣的景象，渐渐地，在泥土里过冬的小动物都出来活动了。之后，春暖花开，莺飞草长，万物都进入生长时期。

春天，人的生机萌动，身、心、灵得以扩展，适宜早睡早起。在春天，你会发自内心地想做一些事情，所以春天是立志的好时机。

立春

——二月春风似剪刀

立春来了，它是一年中第一个节气，也是我国民间最重要的传统节日之一。有一首儿歌《冬老人与春姑娘》，写的就是鸟语花香的春天。

春姑娘，年纪小，她带着暖的风，飘飘地跑，
她很爱花和叶，也很爱虫和草。
她说："我来了，我来了，你们别再睡觉！"
花和叶，虫和草，听见她叫，就都醒了。

春风吹过，把春天带到了我们身边。唐代诗人贺知章有一首《咏柳》，在诗中他把春风比作调皮的剪刀，把垂下的柳条都剪成了绿色的丝带。

多多朗诵 立春

咏柳

[唐] 贺知章

碧玉妆成一树高，
万条垂下绿丝绦（tāo）。
不知细叶谁裁出，
二月春风似剪刀。

潘川/绘　清风徐来

立春——吹面不寒杨柳风

1. 立春，鸟语花香开始的日子

"立"是"开始"的意思，"立春"就是春天的开始。立春始于每年的 2 月 3—5 日之间，这时能明显感觉白天时间长了，太阳变暖了。虽然寒冷的天气还在持续，但阳光明媚、鸟语花香的春天已经向我们走来。立春之后阳光越来越充足，冰雪开始消融，冰凉刺骨的冷风逐渐变得温暖。

2. 立春有 15 天，正是鸟语花香的开始

什么是物候呢？物候就是大自然发出的信号。中国古人通过鸟叫、虫鸣、下雨、花开等这些身边景物的变化来认识自然，记录季节的变化规律。每一个节气都有三个属于它的物候。

一候东风解冻：立春的第一个五天内，东风送来了温暖，大地从冬日的严寒中开始解冻。

二候蛰虫始振：立春的第二个五天，藏起来的昆虫们慢慢苏醒，扭动身体，这个时候小虫子只是动动身体，还没有从洞穴里出来。

　　三候鱼陟（zhì）负冰： 陟，上升的意思。立春的第三个五天，河水里的冰都融化了，鱼儿们欢快地向上游，就好像是小鱼们背着冰块在游动。

　　古人对大自然的观察特别细致、富有想象力，如果你把立春三候连起来看，大地解冻、动物活动、鱼儿游动，从地面再到河里，全都重新焕发活力，所以我们形容春天是"万物复苏"的季节。

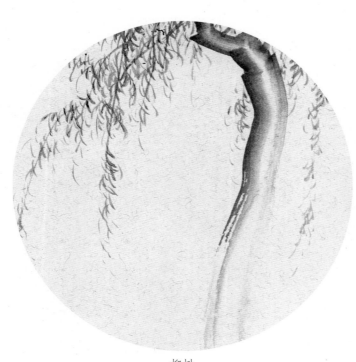

柳树

3. 迎春有什么好玩的

中国人对春天特别重视。立春是二十四节气之首，它作为一个传统节日，古人在这一天要举行盛大的迎春仪式。立**春前三天皇帝就要"斋戒"**，做好祭天准备，不能喝酒、不能吃肉、不听音乐、不理刑事等。到了立春日，皇帝会带领官员们去郊外迎春，向上天祈求农业的丰收，之后会颁布一些对百姓有益的法令。皇帝的迎春仪式，能想象得到，一定是人山人海，特别盛大隆重的。

在民间，有另一个更好玩的迎春方式。快到立春时，人们会在土地里挖个坑，然后把羽毛或其他很轻的东西放到坑里，什么时候羽毛从坑里飘上来，这个时刻就是立春了。然后大家开始放鞭炮庆祝，预祝今年风调雨顺、五谷丰登。小朋友如果感兴趣，可以试一试，看看羽毛是不是能真的能飘起来。

潘川/绘　游戏时光

4. 立春，要鞭打泥牛——"打春"

相传，有一年春天，春神句（gōu）芒带领大家翻土犁地，准备播种，可耕地的牛却罢工了，躲在牛栏里睡觉。有人想要用鞭子抽打懒牛，被句芒制止了。句芒想出了一个好办法，他让人捏了一头活灵活现的泥牛，然后用鞭子鞭打。懒牛看到鞭打泥牛的场景，赶忙起来，跑去耕田了。从此，人们便将鞭打泥牛作为迎春的仪式，希望有个好收成。这个活动就叫作"打春"。

迎春花

5.立春宜吃的食物

立春有咬春的习俗，因为各地风俗不同，春饼、春卷和萝卜，这些都可以算作"咬春"。古人希望把春天的味道吃进肚子里，通过食物庆祝春天的到来，让温暖的春天一直留在身边。

春饼

在北方，春饼是一种小薄饼，在软嫩筋道的面饼中包入清爽鲜脆的青菜，一口咬下去，满满都是春天的味道。南方的春饼叫春卷。春卷不是主食，只是一个配菜。它的个头很小，最多一只手指那么长，两只手指那么宽。春卷也是面皮里卷着菜，一般会卷肉馅、豆芽菜和韭菜。与春饼不同的是，卷好的小春卷要经过油煎，把外皮煎成金黄色，吃起来特别酥脆。

萝卜

在立春，有一样东西一定要吃，那就是萝卜。老人们认为立春吃萝卜，春天就不容易犯困。把萝卜切成块或者圆片，嘎吱一声一口咬下去说"我咬到春了"，这一口萝卜就象征着新一年会交好运。

元宵

在元宵节，圆滚滚、又甜又黏的元宵是少不了的。元宵是用糯米粉做成的，里面包入各种好吃的馅，圆润软糯，小朋友你能吃几个呢？

6. 出生在立春的小朋友是水瓶座

水瓶座出生在1月20日—2月18日之间，在立春节气出生的小朋友是水瓶座。

在古希腊神话中，水瓶座源自于甘尼美提斯为众神斟酒的宝瓶。宙斯曾化作一只雄鹰到人间寻找侍者，他发现一群正在嬉戏的孩子。其中有一个机灵活泼的小男孩，他叫甘尼美提斯，是那个国家的王子。老鹰飞到孩子们面前，他们都吓得四散而逃，只有甘尼美提斯好奇地看着这只雄鹰，抚摸它的羽毛，竟然还骑到了它的背上。老鹰突然振翅高飞，就这样宙斯把甘尼美提斯带到了天上，成为众神的侍者。后来，宙斯把甘尼美提斯为众神斟酒的宝瓶化作了水瓶座。

雨水
——润物细无声

多多朗诵 雨水

雨水节气天气开始暖和起来，雪慢慢变少，雨水渐渐增多了，有一首小诗写的就是春雨降临：

"雨呀，你到底是什么东西？
说你是水，你爬上天去，
用的什么梯？
说你不是水，你落下地来，
怎么和水不分离？"

"我是雨，就是水。
我上天不用梯，化作云气轻轻飞。
一朝遇着冷风吹，赶快打成堆；
空中站不住，翻身直向地上回。"

在春天，万物的萌芽生长都需要雨水的温柔滋润，唐代诗人杜甫的《春夜喜雨》说的就是春雨悄悄来到我们身边。

潘川/绘　短檐风雨送蜗牛

春夜喜雨

〔唐〕杜甫

好雨知时节，当春乃发生。

随风潜入夜，润物细无声。

野径云俱黑，江船火独明。

晓看红湿处，花重锦官城。

雨水

——天街小雨润如酥

1. 雨水——天上下的雪变成了雨

雨水在每年的 2 月 18—20 日之间。雨水起源于黄河流域，古人们看到天上下的雪变成了雨，就把这个节气叫作"雨水"。雨水时节天气逐渐回暖，在大自然会发生 3 个奇妙的变化：冬季的冰雪开始融化，雨开始变多，而雪慢慢少了。

2. 春天孩儿脸，一天变三变，要"春捂"

虽然天气突然变暖和了，我们感到春暖花开的气息，但冷空气还是会频繁光顾。这个时候小朋友们要做好"春捂"。什么是春捂呢？"春"是指春天，"捂"就是捂住、盖住的意思，也就是说，人们在初春季节要多穿一点，慢慢地减少衣服，尤其要注意头和脚的保暖哦。

为什么要"春捂"呢？冬去春来，人体皮肤也跟着苏醒过来，汗毛孔不再像冬天那样紧紧地闭锁着。所以，春季多变的冷空气就会顺着放松的汗毛孔，进入到我们的身体里，就可能引发感冒或其他疾病。再加上春天雨雪天气不定，过早脱掉棉衣或穿得太少，非常容易着凉感冒。俗话说："春天孩儿脸，一天变三变。"为了保护自己健康地度过春天，老祖宗就传下来"春捂"这个习惯。

3. 雨水有 15 天，有哪三种物候

一候獭祭鱼："獭"指的是水獭，它喜欢吃鱼，"祭"是祭祀、祭拜的意思。在立春中，我们讲到"鱼陟负冰"，河水解冻，小鱼们都浮出水面游动起来。雨水的第一个五天内，冰块彻底融化了，好多鱼儿纷纷跃出水面，水獭能捕到很多小鱼，多得吃不完，只好摆在岸边排列起来，看上去就像某种祭祀仪式。于是就有了"獭祭鱼"这个有趣的说法。

潘川/绘　吉祥多子图

二候鸿雁来：雨水的第二个五天，北方的天气慢慢变暖了，秋天成群飞到南方的大雁又开始一路向北飞行。

三候草木萌动：雨水的第三个五天，花草树木在接受"润物细无声"的春雨洗礼后，开始长出嫩绿的新芽。这时的小草还不太惹人注意，小朋友如果你远远地仔细观察，才会发现绿蒙蒙的春意，就像韩愈在诗中写的"天街小雨润如酥，草色遥看近却无。"

4. 元宵节——
一年中第一个月圆之夜

雨水节气中有一个非常重要的节日，那就是元宵节。元宵节又叫上元节或灯节，它是春节后第一个重要的节日。"元"是开始、开端的意思，"宵"代表夜晚，所以古人把一年中第

潘川/绘　祈福纳祥

一个月圆之夜——正月十五称为元宵节。元宵节最有意思的是逛花灯，小朋友可以自己动手做一盏花灯。

元宵节除了吃元宵，还有一个小朋友都喜欢的游戏——猜灯谜。今天我也给小朋友出一个灯谜，"不识字，把字排，秋天去，春天来"——猜一个动物。小朋友，你猜到了吗？这个谜底是"大雁"，你猜对了吗？

过了元宵节，我们才算真正过完年，新的一年、新的学期也开始了。

5. 元宵节为什么要闹花灯

元宵节那天，家家户户门口都挂起了灯笼，这也是元宵节的风俗之一——闹花灯。为什么元宵节要闹花灯呢？传说在汉武帝时代，有个大臣名叫东方朔，他善良又风趣。一年冬天，东方朔在御花园遇到一个宫女，她站在井边很伤心地哭泣，东方朔就问她为什么这么难过。宫女说，她名叫元宵，家里还有父母和一个妹妹。自从她进宫后，就再也没见过家人，每当到了冬尽春来的时节，就比平时更思念家人。东方朔听了她的遭遇，非常同情她，并向她保证，一定设法让她和家人团聚。

于是东方朔扮成一个算命先生，在长安城的街上摆了一个占卜摊，帮人预测未来。可是他对每一个人的占卜都是同样的结果，预测他们"正月十六会被大火烧死"。一时之间，"火神君会派一位赤衣神女下凡，奉旨烧长安城"的预言就传开了，这在长安城里引起很大的恐慌。消息也传到了皇宫里，汉武帝知道要着大火的事，连忙请来了足智多谋的东方朔。东方朔假装想了想，说："听说火神君最爱吃汤圆，宫女元宵不是经常给您做汤圆吗？十五晚上可以让元宵做好汤圆，皇上您亲自为火神君供上香火，并传令让京城的百姓家家都做汤圆，一起敬奉火神君。再让臣民们一起在十五晚上挂灯，通知城外百姓，十五晚上进城观灯。然后满城点鞭炮、放烟火，装作满城大火的样子，这样就可以瞒过玉帝，消灾解难了。"汉武帝听后，十分高兴，就传旨照东方朔的办法去做。

到了正月十五日，长安城里张灯结彩，人来人往，非常热闹。东方朔安排宫女元宵与父母见面，和家人重逢。

就这样热闹了一夜，长安城果然平安无事。汉武帝非常高兴，便下令以后每到正月十五都要做汤圆供火神君，还要全城挂灯放烟火。

6. 大雁为什么在春天排着队飞

大雁是一种迁移的候鸟，秋天时大雁在温暖的南方生活，到了春天又会飞到北方来繁殖。大雁成群结对地迁徙，少的时候有几十只，多则数百只甚至上千只，它们聚集在一起，互相紧挨着排成队飞。大雁飞行时由有经验的头雁带领，加速飞行时队伍排成"人"字形；一旦减速，队伍又由"人"字形换成"一"字形。大雁为什么要排队飞呢？

荙葜

　　这是因为大雁的迁徙路线很长，每次迁徙要飞一两个月，整天一直在飞，单靠一只雁的力量是不够的，必须互相帮助，才能飞得快、飞得远。头雁在飞的时候，翅尖会扇起一阵风，带动空气的流动，当大雁们排成"人"字形或"一"字形队伍的时候，后面的大雁会飞得更轻松。也就是说排着队飞，更省力气，大雁们在漫长的迁徙中就不用经常休息。飞行的时候，幼鸟和体弱的鸟还会被安排在队伍的中间，所以排队飞行还能保护它们，不让任何一只大雁掉队。

7. 出生在雨水的小朋友是双鱼座

双鱼座出生在 2 月 19 日—3 月 20 日之间，在雨水节气出生的小朋友是双鱼座。

在古希腊神话中，双鱼座源自于维纳斯和丘比特。

维纳斯是爱神与美神的化身，她的儿子丘比特是小爱神，她与儿子形影不离。

一天，他们外出游玩，在美景中流连忘返，当他们走到河边时，一只巨大的妖怪突然袭击他们。毫无防备的维纳斯和丘比特急中生智，立即跳入河水中，变成了两条鱼。为了防止走散，他们便用一条带子分别绑在身上。

宙斯被他们的故事打动，便将他们化身的鱼形放在天上，于是就诞生了双鱼座。

惊蛰

——春雷一响，惊动万物

多多朗诵 惊蛰

惊蛰到来，万物从漫长的冬眠中苏醒过来。北宋诗人苏轼的《春江晚景》写的就是惊蛰的景象：

春江晚景

［北宋］苏轼

竹外桃花三两枝，

春江水暖鸭先知。

蒌蒿（lóu hāo）满地芦芽短，

正是河豚（tún）欲上时。

到了惊蛰，大部分地区都进入春耕的忙碌时节，真是"季节不等人，一刻值千金"，所以有民间谚语这样说：

潘川/绘　快乐乐章

春雷一响，惊动万物。

惊蛰雷鸣，成堆谷米。

到了惊蛰节，锄头不停歇。

惊蛰春雷响，农夫闲转忙。

惊蛰有雨并闪雷，麦积场中如土堆。

惊蛰

——两个黄鹂鸣翠柳，一行白鹭上青天

1. 为什么惊蛰后冬眠的动物开始苏醒

惊蛰是二十四节气中的第三个节气，始于每年的3月5—6日之间。"蛰"是藏的意思，冬天动物们钻到土里冬眠被称为"入蛰"。而冬眠的动物们在春天苏醒，叫作"惊蛰"。冬去春来，大地的温度和湿度逐渐升高，接近地面的暖湿空气开始上升，和上方的冷空气交汇碰撞，就会形成雷电。雷声惊醒了蛰伏冬眠的动物们，一个"惊"字，让自然现象的变化马上形象生动起来。小朋友不妨留意一下，你是从哪天开始听见小虫鸣叫，看见它们四处飞舞的呢？

古时候人们以为青蛙、蛇、蚯蚓、熊和昆虫等都是被雷声惊醒才爬出洞穴，而实际情况是到了惊蛰节气，气温回升很快，地下的温度开始升高，对温度敏感的冬眠动物体温开始回升，新陈代谢逐渐恢复正常，肚子饿了，要起来寻找食物了，这才是冬眠动物苏醒的真正原因。

惊蛰是一个适合小朋友走向户外贴近自然的节气，有漂亮的花儿、可爱的鸟儿可以观察，有丰富的色彩、动听的声音可以感受。选个天气晴朗的日子，和爸爸妈妈一起去郊外游玩吧！

潘川/绘　天天向上

雪里蕻

2. 惊蛰的 15 天内有哪三种物候

惊蛰的三候非常漂亮，这三候分别是："一候桃始华；二候仓庚鸣；三候鹰化为鸠。"

大体的意思是，惊蛰时节，粉红的桃花开始盛开，黄鹂鸟开始鸣叫，斑鸠等鸟儿也开始出现在树上。你看，粉色、鲜黄色、褐色，大自然像不像打翻的调色盘一样色彩丰富，让人赏心悦目呢？

一候桃始华：惊蛰的第一个五天内，桃花绽放，翠绿的树干上挂满了娇艳的粉红，像害羞的姑娘，轻声细语地说着

"春天快乐"。"桃之夭夭，灼（zhuó）灼其华"，《诗经》里的这句诗非常有名，形容桃花开得非常茂盛，花朵鲜艳娇嫩。除了桃花，杏花、樱花、蔷薇等都在这个节气赶着开放了，好似惊蛰的雷声一声令下，春天的百花都依次绽放了。

二候仓庚鸣：仓庚是黄鹂鸟，惊蛰的第二个五天，黄鹂感受到了春天的气息，发出了婉转悦耳的啼叫。"两个黄鹂鸣翠柳，一行白鹭上青天"，杜甫《绝句》里的这句诗写的就是惊蛰时节的景象。黄鹂有一身金黄的羽毛，翅膀上有些黑色，尾巴像漂亮的裙摆，它那小巧玲珑的红色喙（huì），非常惹人喜爱。黄鹂的叫声悦耳动听，堪称"森林里的歌唱家"。

三候鹰化为鸠：鸠一般是指体形小、尾巴长的小鸟，比如斑鸠。惊蛰的第三个五天，附近的鹰开始悄悄地躲起来繁育后代，而原本蛰伏的鸠开始鸣叫求偶，古人没有看到鹰，而周围的鸠好像一下子多起来，他们就误以为是鹰变成了鸠，是不是很有想象力呢？

3. 为什么古人在惊蛰蒙鼓皮

前面我们说到古人认为惊蛰是由雷声引起的。古人想象雷神是位长着鸟嘴人身，有一对翅膀的大神，一只手拿着大锤，一只手连连击打环绕在他身上的天鼓，因此发出隆隆的雷声。由于人们认为天庭有雷神击天鼓，所以在人间也要利用惊蛰这个时机来蒙鼓皮。小朋友你见过鼓这个乐器吧？鼓皮蒙得好不好非常重要，鼓皮蒙得好，小鼓敲得咚咚响，在很远的地方都能听见。

4. 二月二，龙抬头——龙不抬头，天不下雨

二月二（二月初二）是咱们的传统节日，为什么说"二月二，龙抬头"呢？这个"龙"是跟中国悠久的农业文明息息相关的苍龙七星。每年的农历二月初二晚上，苍龙星宿开始从东方露头，角宿代表龙角，开始从东方地平线上显现；大约一个小时以后，龙的咽喉升到地平线以上；接近子夜时分，龙爪就出现了，这就是"龙抬头"的过程。在这之后的"龙抬头"，每天都会提前一点，经过一个多月时间，整个"龙头"就"抬"起来了。

古人认为天上的龙王掌管刮风下雨，俗话说："龙不抬头，天不下雨。""龙抬头"寓意春风化雨、滋润万物，是人们心中美好的期盼。

在"龙抬头"这段时间，天气转暖，大地解冻，意味着春耕要开始了，"二月二，龙抬头，大家小户使耕牛。"因此，"龙抬头"又叫作春耕节或者农事节。传说在先皇伏羲（xī）氏时期，伏羲氏非常注重农业生产，每年二月初二这天，他都会亲自耕种一亩三分地。后来人们纷纷仿效，周朝甚至将耕地定为国策，在二月初二这天举行重大仪式，让文武百官都亲自耕地。

"龙抬头"这天有不少习俗：比如让孩子开笔写字，寓意孩子眼明心明，知书达理；还有剃龙头，也叫剃"喜头"，在这天给孩子理发，借龙抬头的吉利，保佑孩子健康成长，长大后出人头地；大人在这天理发，则希望带来好运，新的

一年顺顺利利。所以啊，你留心看看，过了"二月二，龙抬头"，是不是好多人都换了精神的新发型？

小朋友你在"二月二"有没有剃龙头呢？如果你理了新发型，是不是有焕然一新的感觉？

5. 惊蛰宜吃的食物

在惊蛰这一天，我国的许多地方都有吃梨的习俗。

惊蛰时节天气开始暖和，比较干燥，容易感到口干舌燥，而梨的汁水多、味道甜，可以润喉止渴。梨的吃法很多，可以生吃、蒸、榨汁、烤或者煮水，能帮助预防咳嗽。

6. 出生在惊蛰的小朋友是双鱼座

双鱼座出生在 2 月 19 日—3 月 20 日之间，在惊蛰节气出生的小朋友是双鱼座。

在天空中，双鱼座位于水瓶座和白羊座之间，在黄道十二宫中星光相对暗淡，但好在轮廓比较清晰。双鱼座有两条星链，分别是一条鱼形，两条鱼的尾部相连。

当黄道从南半球跨入北半球，北半球迎来了春分，黄道途经双鱼座，到北半球惊蛰结束后，黄道离开双鱼座。

春分

——草长莺飞二月天

多多朗诵 春分

　　春分这一天，南北半球的白天和黑夜一样长，在这之后，北半球的白天越来越长，夜晚越来越短，所以有民间谚语说：

　　春分到，燕子回，昼夜正平分；

　　春分不暖，秋风不凉；

　　吃了春分饭，一天长（cháng）一线。

　　春天也是植树造林的好时节，清代诗人宋婉有一首诗叫作《春日田家》，不仅描写了农家的惬意生活，还提到了在春分种树的场景。

春日田家

［清］宋婉

野田黄雀自为群，山叟相过话旧闻。

夜半饭牛呼妇起，明朝（zhāo）种树是春分。

潘川/绘 鸟儿鸣

在春天，有一个特别有意思的活动——放风筝，清代诗人高鼎（dǐng）有一首诗《村居》，写的就是春天孩子们在草地上放风筝的情景。

村居

[清] 高鼎

草长莺（yīng）飞二月天，拂堤杨柳醉春烟。
儿童散学归来早，忙趁东风放纸鸢（yuān）。

说到这儿，小朋友你想不想让爸爸妈妈带你去野外放风筝呢？

樱花

春分
——每一粒种子都是一个愿望

1. 为什么春分会"昼夜平分"呢

春分是一个生机勃勃的节气，春暖花开，莺飞草长。早春的时候，天还有些凉。到了春分，就意味着春天已经过了一半，天气越来越暖和了。

春分始于每年的 3 月 20—21 日之间。这一天太阳直射地球的"腰带"，也就是赤道，所以白天和黑夜几乎一样长。"春分秋分，昼夜平分"讲的就是在春分和秋分这天，白天和黑夜一样长。而春分之后，白天会越来越长，夜晚越来越短。

为什么在春分这天会"昼夜平分"呢？"昼"是白天，"夜"是夜晚，昼夜的变化是因为地球的转动产生的。我们所在的地球是一个不发光、不透明的球体，所以在同一时间里，离我们很远的太阳只能照亮半个地球，被照亮的一半是白天，没被照亮的一半是黑夜。

潘川/绘　春风起

　　小朋友们可以把地球想象成一根圆球形的棒棒糖，把太阳想象成一只手电筒，我们用右手顺着一个方向转动棒棒糖的小棍子，左手拿着手电筒朝着棒棒糖打出一束光，这束光只能照亮棒棒糖的一半，被照到的一半是白天，没有被照到的一半就是黑夜。

　　因为我们一直在转动棒棒糖，所以棒棒糖被照亮的地方一直在慢慢变化，白天就会慢慢变成黑夜。当你手中的棒棒糖转满一圈，就像是地球自己转动了一圈，这一圈相当于一个昼夜，一个白天加上一个黑夜组成了我们说的一天，也就是 24 个小时。

　　地球在自己转动的同时，还一直倾斜着身体围绕太阳转动，这叫作公转。地球围绕太阳转动一圈的时间是一年。因为地球倾斜的角度始终不变，所以地球在围绕太阳转动时，在不同的位置上和不同的时间里，被阳光照射到的时间不一样，于是就形成了春夏秋冬四季。

　　夏天时，你会觉得白天更长，夜晚更短；冬天时，你会觉得夜晚更长，白天更短；而在春分这天，太阳刚好直射在地球的赤道上，于是南北半球的白天和夜晚的时间变得一样长，也就是说春分日全球的昼夜几乎相等。

　　而过了春分，我们所处的北半球，白天会越来越长，夜晚越来越短。和春分一样，秋分这天也是昼夜等分，所以春分和秋分是一年里最"公平"的两天，南北半球的人们共同享受相等时间的日与夜，这也让春分和秋分成为 24 个节气中最特殊的两个节气。

春兰

2. 春分的 15 天内有哪三种物候

一候玄鸟至："玄"在古代是黑色的意思，"玄鸟"指的是燕子，因为燕子的羽毛大都是灰黑色。"小燕子，穿花衣，年年春天来这里。我问燕子你为啥来，燕子说，这里的春天最美丽。"你还记得这首儿歌吗？春分的第一个五天内，燕子都从南方飞回来了，它们重新回到北方安居乐业，生儿育女。

燕子是很厉害的建筑大师，它一口一口衔来枯草，用枯草和湿泥搭建它的巢。燕子也是捕捉害虫的益鸟。从古至今，人们始终相信燕子会带来好运。

二候雷乃发声、三候始电：春分后下雨时，天空便要打雷并发出闪电。

小朋友们要注意观察，看看燕子飞回来了没有，下雨时有没有打雷和闪电呢？

3. 犒劳耕牛、祭祀百鸟

春分是耕种的季节，春分之后，气候温和、雨水充沛、阳光明媚，对农民意味着春耕开始进入繁忙阶段。在江南地区，在春分时节有犒劳耕牛、祭祀百鸟的习俗。耕牛是用来耕种的牛，因为耕牛将要开始一年辛苦的劳作，所以农民会用糯米团喂耕牛表示犒赏；祭祀百鸟，一是感谢它们提醒我们节气的变化，二是希望鸟类不要偷食谷物，祈祷一年的丰收。

4. "劝君莫打枝头鸟，子在巢中望母归"

鸟

［唐］白居易

谁道群生性命微？一般骨肉一般皮。

劝君莫打枝头鸟，子在巢中望母归。

"劝君莫打枝头鸟，子在巢中望母归。"意思是说鸟儿通常在春天产卵孵子，这时若打死一只鸟，一窝小鸟无人照顾，只能在巢中日日等待妈妈的归来。小朋友们想想看，如果没有妈妈的照顾，这些小鸟是多么可怜！

春天是万物繁衍产子的季节，如果在春天将它们杀死，那就相当于杀死了千千万万的鲫鱼、鸟儿、蛙类的宝宝们。所以在春天，人们除了忙于春耕种植粮食，同时也不能忘记大自然对我们的馈赠。这首小诗写出先人对自然万物尊崇的一种美德，以及先人们对自然万物和生态环境的热爱。古人用他们的智慧，告诉我们要爱护其他动物的生命。

5. 春分时，你可以把鸡蛋竖立在桌子上

春分、秋分都是昼夜平分，所以这两天民间都会玩同一个游戏——竖蛋。挑选一个平滑匀称的鸡蛋，慢慢将它竖着立在桌子上，然后轻轻放手。你能不能将鸡蛋成功立在桌子上呢？

如果想玩这个游戏的话，你可以去找一只刚生下来4～5天的鸡蛋，因为这样的鸡蛋蛋黄下沉，鸡蛋重心下降，更容易竖立起来。

我们拿蛋的时候，手要稳，拿好手中的鸡蛋，仔细观察，你会发现鸡蛋表面不是完全光滑的，它有很多微微凸起的"小山"，我们利用好这些"小山"，也就是将鸡蛋凹凸不平的一面与桌子接触，那么这个鸡蛋就有可能被竖立起来了。小朋友们可以试试看，玩一玩竖蛋的游戏吧。

潘川/绘　莫打鸟

6. 出生在春分的小朋友是白羊座

白羊座出生在 3 月 21 日—4 月 19 日之间，在春分节气出生的小朋友是白羊座。

在古希腊神话中，白羊座源自于一只勇敢又粗心的金色长毛公羊。

在古希腊，国王离婚后迎娶了一位新王后。但这位新王后天生善妒，有一副蛇蝎心肠，她把国王前妻留下的一双儿女视为眼中钉。

到了春天播种的季节，这位新王后将煮熟的种子发放给百姓。不管农民怎么施肥、浇水，种子就是不发芽。然后新王后到处散布关于种子的谣言：种子不发芽是王子和公主带来的灾难。在新王后的煽动下，众多民众都要求国王处死王子和公主。

天神宙斯听到这个消息后，非常愤怒，他派遣一只金色长毛的公羊，去营救王子和公主。不幸的是，公羊在奔跑的过程中，不小心令公主掉了下去。宙斯为了奖励这只勇敢又粗心的公羊，便将它放在天上，成为白羊座。

清明

——清明时节雨纷纷

多多朗诵 清明

　　清明不只是节气，也是一个非常重要的传统节日。扫墓是清明节最重要的传统习俗，表达的是人们对故去亲人的尊敬和思念。有这样一首小诗：

　　清明节这一天，父亲带我去上坟；
　　到了祖父祖母的坟前，
　　父亲行礼，我也行礼。

　　唐代诗人杜牧也有一首诗《清明》，相信大家都很熟悉了：

清明

[唐] 杜牧

清明时节雨纷纷，路上行人欲断魂。
借问酒家何处有，牧童遥指杏花村。

潘川/绘 · 梦想

清明

——微微泼火雨，草草踏青人

1. 清明气清景明，万物皆显

清明始于每年的 4 月 5—6 日之间。春分后十五日，清明风从东南方向吹来，此时"气清景明，万物皆显"，因此把这个节气命名为"清明"。清明对农民们来说，是一个很重要的节气，因为到了清明，气温开始变暖，降雨也会增多，正是春耕春种的大好时节。谚语"清明前后，点瓜种豆""植树造林，莫过清明"，说的就是这个道理。

"清明时节雨纷纷"，是这个节气最重要的特征。回想一下，如果爸爸妈妈曾经在清明小长假带你出去玩，是不是天空中经常飘着雨呢？

2. 清明的 15 天内有哪三种物候

一候桐始华："桐"是指白桐花；"华"同"花"。清明的第一个五天内，白桐花开了，味道清香。桐花开放的时间不长，开放时花团锦簇，花落时仿佛飘雪，十分好看。

桐始华

二候田鼠化为鹌：鹌，是指鹌鹑类的小鸟。田鼠喜欢阴暗的环境，而清明的第二个五天，太阳光逐渐变强，田鼠纷纷钻到了地洞里，而喜爱阳光的鸟儿这个时候开始出来活动了。

三候虹始见：小朋友可以仔细观察一下，在干燥的秋冬季，下雨后天空很少出现彩虹。清明的第三个五天，随着雨水增多，雨滴变大，日光照在上面，就会出现美丽的彩虹。

3. 清明的雨为什么叫"泼火雨"

清明的雨,还有一个名字,叫作"泼火雨"。唐代诗人唐彦谦写过"微微泼火雨,草草踏青人",宋代诗人梅尧臣写过"年年泼火雨,苦作清明寒。"诗中的"泼火雨",指的都是清明的雨。

相传在春秋时代,晋文公刚开始执政,封赏辛苦跟随他的大臣们。这些大臣里,有一位名叫介子推的人,他帮助晋文公成功登位后,放弃了金钱和官位,回到家中。

晋文公亲自去请,却发现介子推带着老母亲躲进了绵山。晋文公无计可施,就下令三面烧山,留下一面让介子推带着母亲出山。令人意想不到的是,这场大火却把介子推母子烧死了。

晋文公悲痛之下,为了纪念介子推,给全国百姓下旨:每逢介子推的忌日,家家不许烧火,要吃冷的食物。后来,人们将这一天称为"寒食节"。

寒食节本来在清明节气的前一天,所以在清明节下的雨称为"泼火雨"。

4. 清明为什么要扫墓?

清明既是个节气,也是个节日。在这个节日里,我们会踏青、扫墓、祭祀祖先。冬去春来,草木萌生,先人的坟墓可能会因雨季来临而塌陷,也可能被狐狸、兔子这些爱打洞的小动物们破坏。在扫墓时,我们给坟墓铲除杂草、添加新

潘川/绘 节气词话

土，为祖先们供上祭品、焚烧纸钱等等，通过这些仪式表达我们对他们的怀念。

清明是适合与家人团聚的日子。早在唐代，因为有官员回乡扫墓，耽误了公务，于是唐玄宗大手一挥，宣布放假了，清明节假期就是这样来的。

5. 上巳节，你吃荠菜了吗

古人将每年农历三月初三定为上巳节，这是戏水游玩的节日。三月初三和九月初九，是一年中两大出游的节日。

为什么上巳节要戏水呢？因为气温回暖了，让人们都到水边洗浴，大家一起出游，游山玩水，放松心情。

杜甫有诗说到："三月三日天气新，长安水边多丽人。"上巳节这一天，人们都到水边去看美人……可以说，上巳节是大家尽情玩乐的开心日子。古人在上巳节有吃荠菜的习俗，小朋友你吃荠菜了吗？

6. 清明宜吃青团，宜饮明前茶

在清明我们可以品尝明前茶，吃点儿青团点心。

青团

青团你或许见过，就是那种圆形、深绿色的糯米点心。青团有着青草般的颜色，做法是用艾草的汁拌进糯米粉里，艾草是一种绿色带有香气的灌木植物。把它们混合均匀，和面做成皮，里面包好馅，蒸熟就可以了。馅可以用甜甜的豆沙做成，也可以将笋、肉、豆干等食材混在一起，做成咸馅。艾草的清香，始终是青团最特别的地方。青团又香又糯还不粘牙，多吃两个都不会腻。

据说青团之所以做成青色，跟大禹有关。大禹是黄帝的后代，在古代江南，黄河经常泛滥发洪水。大禹率领民众，与自然灾害中的洪水做斗争，最终获得胜利。大禹死后，江南百姓为了感念他的恩德，在清明节做了一些青团，祭祀他的在天之灵，渐渐就传下了清明节用青团祭祖的习俗。

明前茶

中国是茶的故乡，我们从神农时代就开始饮茶，至今已有4700多年了。明前茶指的是清明节前采制的茶叶，它受虫害侵扰少，也较少受到农药污染，芽和叶都比较细嫩，是茶中佳品。同时，由于清明前气温普遍较低，发芽数量有限，生长速度较慢，能达到采摘标准的茶叶产量很少，所以有"明前茶，贵如金"的说法。

不过年龄太小的朋友，不建议喝茶，你可以给爸爸妈妈倒杯茶哦。

7. 出生在清明的小朋友是白羊座

白羊座出生在3月21日—4月19日之间，在清明节气出生的小朋友是白羊座。

在天空中，白羊座位于金牛座西南、双鱼座东面，是一个很难发现的小星座。

白羊座从秋末出现在地平线上，直到春天来临，它还在天空中闪烁着微光。在每年12月中旬晚上八九点钟时，白羊座正在我们头顶上空。其中有两颗最明亮的星星，那就是白羊座的两只角。

谷雨

—— 人间四月芳菲尽，
山寺桃花始盛开

多多朗诵 谷雨

　　谷雨是春天最后一个节气，它为大地带来了春雨的滋润。
"春雨贵如油"就是形容人们对雨水的期盼，民间有谚语是
这样说的：谷雨前后一场雨，胜过秀才中了举。

　　说起谷雨，我想起了好多经典的诗句，比如宋代诗人志
南的《绝句·古木阴中系（xì）短篷》："沾衣欲湿杏花雨，吹
面不寒杨柳风。"又比如唐代诗人白居易的《大林寺桃花》：

大林寺桃花

［唐］白居易

人间四月芳菲尽，山寺桃花始盛开。

长恨春归无觅（mì）处，不知转（zhuǎn）入此中来。

　　还有清代诗人陈燕兰的《咏茶诗》：

咏茶诗

[清] 陈燕兰

布谷声声唤插秧，映山红夹（jiā）蕙（huì）兰芳。

小姑采茶下山去，携（xié）赠东邻新嫁娘。

潘川/绘　大大泡泡糖

谷雨

——桃花春欲尽，谷雨夜来收

1. 谷雨一来，春天就快要结束了

谷雨始于每年的 4 月 19—21 日之间。谷雨的意思是说，雨水越来越多，有利于谷物的生长。

谷雨一来，意味着春天就要结束，炎热的夏天就要开始了。

2. 谷雨的 15 天内有哪三种物候

一候萍始生：雨下得越来越多，池塘里的浮萍开始生长。谷雨的第一个五天内，人们可以通过观察池塘里是不是已经长出了浮萍，来判断谷雨时节有没有来到。

二候鸣鸠拂其羽："鸠"通常是指体形比较小而尾巴长的鸟，在这里指布谷鸟。谷雨的第二个五天，鸟类开始更换羽毛，"拂其羽"的意思就是布谷鸟开始梳理它的羽毛。古时候农民们听到布谷鸟"布谷、布谷"的叫声，就好像是在催着他们赶紧耕种，所以民间有"布谷催耕"的说法。

三候戴胜降于桑：谷雨的第三个五天，一种名为戴胜的鸟在谷雨时节会落在桑树上。戴胜鸟长有黄脖子、黑白花翅

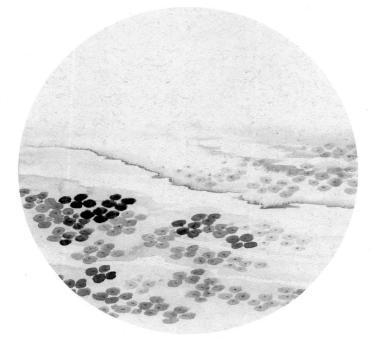

萍始生

膀和细长的嘴，它的头上长着一撮黄色的羽毛，也叫冠羽，它们平时把冠羽收起来，在兴奋的时候才会张开。戴胜本来是一种常在地上活动的鸟，谷雨时节，它们会在桑树上繁殖，养育雏鸟。

谷雨的这三个物候，描述了一幅雨水到来、天气回暖的画面：谷物快速地生长，农民伯伯迎来最辛劳的时节，不抓住这个宝贵的时机播种，他们就会错过秋天的收获。

小朋友们可以在家里做一个自己的小农场，体验一下种植的乐趣。把南瓜或者丝瓜的种子用水浸透，种在家里的花盆中，让它们淋一淋谷雨时节的春雨，过不了几天，这些种子就会破土而出，慢慢发芽长大了。

3. 为什么要在谷雨祭祀仓颉（jié）

关于谷雨有这样一个传说：轩辕黄帝任命了一个叫仓颉的人当左史官，负责日常生活中的一些记录和管理工作。一开始仓颉用形状不同的贝壳和打绳结的方法来做一些数字和种类的记录，随着需要记录的事情越来越多、越来越复杂，老办法已经行不通了，这让仓颉很苦恼。有一天，他参加集体狩猎，看到猎人们通过地上野兽的脚印来判断是什么野兽，他突然受到了启发：既然一个脚印代表一种野兽，我为什么不能用一种符号来记录呢？

于是仓颉就开始研究怎样用符号代替事物。他花了一年的时间跋山涉水，把看到的各种东西都按照它们的特征记录下来。回家以后他关上大门，三年都没有出门，把一路收集的图形在院子里用树枝都画了出来。在这四年的时间里他不断搜集、整理，最终这些画出来的符号，成为了最早的文字。

仓颉造字的事情感动了玉皇大帝，当时正在闹灾荒，很多人家吃不上饭，于是玉皇大帝就命令天兵天将打开天宫的粮仓，下了一场酣畅淋漓的谷子雨，百姓们得救了。下谷子雨这一天，也就是谷雨，成为了人们祭祀仓颉的日子。每年谷雨，仓颉庙都要举行庙会，以祭祀创造文字的始祖仓颉。

4. 祭海祈福——谷雨时节百鱼上岸

谷雨时节，在沿海地区，有祭海祈福的民俗活动。沿海地区的人们以捕鱼为生，民间有"谷雨时节百鱼上岸"的说法，随着海水慢慢变暖，各种鱼类开始游到浅海地带，休息了一个冬天的渔民们开始整理渔网，准备出海打鱼了。但是海上的生活十分危险，为了祈求出海的渔民们能够平安归来、鱼虾满舱，人们会虔诚地向海神献祭，并且举行盛大的仪式为出海捕鱼的人们"壮行"。以前在海边，每个村落都有海神庙或者娘娘庙，祭祀的时辰一到，渔民就会把供品抬到庙前，祭祀神灵。有的渔民会直接把供品抬到海边，敲锣打鼓放鞭炮，场面非常隆重。谷雨是渔民们最盛大的节日之一。

5. 谷雨宜吃香椿，饮雨前茶

香椿

繁忙劳作的辛苦当然要靠美食来补充能量。在谷雨有一种特别的食物，就是香椿，"雨前香椿嫩如丝"，这时候的香椿香嫩爽口。相传在汉朝的时候，香椿和荔枝一样名贵，它们作为南北方的两大贡品，特别受到皇帝和宫廷贵族的喜爱。

雨前茶

在谷雨前一个节气清明中，要饮明前茶。在谷雨时节也要采茶喝茶，这时候喝的茶叫作雨前茶，也叫二春茶。

雨前茶生长在温暖的春季，比明前茶更温和，茶香也更浓郁、醇厚。传说谷雨这天的茶清火、明目，甚至有辟邪的作用，所以南方有谷雨摘茶的习俗，以祈求健康。

6. 出生在谷雨的小朋友是金牛座

金牛座出生在 4 月 20 日—5 月 20 日之间，在谷雨节气出生的小朋友是金牛座。

在古希腊传说中，金牛座源自于宙斯为求爱化作的公牛。

相传，腓尼基公主欧罗巴十分美丽，宙斯对她一见倾心。为了接近欧罗巴，宙斯化作一只公牛，出现在公主经常游玩的地方。这只公牛有着浅栗色的皮毛，看起来很温顺，牛角好似弯弯新月，让人不由自主地想要靠近。

当公主欧罗巴来到公牛身边时，公牛突然驮起公主一跃而起，朝天空飞去。欧罗巴便猜到这只公牛是天神，他们来到一个风景如画的地方，宙斯变回原形，向公主表达爱意。为了纪念这件事，宙斯便在天空中设立了金牛座。

潘川/绘 两小情深长

夏季

生如夏花
之绚烂

　　夏三月有六气：立夏、小满、芒种、夏至、小暑、大暑。

　　夏天是一个火热的、生长的季节，动植物生长进入最繁盛的季节。春天播种的植物开始孕育、成长，一到夏天，有的植物开花，有的植物开始结果。所以，夏季是"万物华实"的季节。

　　夏天的白天比较长，人的精力较旺盛，适宜夜卧早起。

　　夏天寒邪最容易侵袭身体，要避免空调温度过低，小朋友食用冰镇饮料、雪糕也要适量哦。

立夏

——小荷才露尖尖角

多多朗诵 立夏

天气变热，雷雨增多，立夏来到，我们将要真正告别春天，迎来夏天了，农作物开始旺盛生长，农业生产也跟着忙碌起来。有民间谚语这样说：

锄（chú）板响，庄稼长（zhǎng）。

立夏三日正锄田。

种在犁（lí）上，收在锄上。

锄下有水也有火。

要想庄稼好，田间锄草要趁早。

棉花听着人的脚步长（zhǎng）。

宋代诗人杨万里有一首诗叫《小池》，写的是在阳光明媚的夏天，池塘里尖尖的花苞儿从荷叶中露出，有一只蜻蜓轻轻地落在了上面。

小池

[宋] 杨万里

泉眼无声惜细流，树阴照水爱晴柔。

小荷才露尖尖角，早有蜻蜓立上头。

潘川/绘 平安图

立夏
——万物生长

1. 立夏——吃货的季节到了

立夏始于每年的 5 月 5—7 日之间。"立"是开始的意思，"夏"是大的意思，所以动植物生长最繁盛的季节就叫夏季，立夏就是夏天即将开始。立夏之后天气越来越热，白天越来越长，雷雨增多，动植物都开始迅速成长，各种好吃的瓜果开始成熟，吃货的季节到了。

2. 立夏的 15 天内有哪三种物候

一候蝼蝈鸣：蝼蝈是一种害虫，喜欢生活在温暖潮湿的环境中，立夏的第一个五天内，蝼蝈开始大量繁殖，并从土壤里探出头来，发出低沉的叫声。还有种说法认为蝼蝈就是蛙，蝼蝈鸣就是蛙声，青蛙叫，雨季到。

二候蚯蚓出：立夏的第二个五天，天气热了，雨水增多，土里的空气被挤了出来，蚯蚓忍不住从泥土里钻出来透气，所以雨后在泥土地上会看到许多蚯蚓。趁着小蚯蚓们翻松泥土，空气就溜进了土壤，这样更有利于植物的生长。

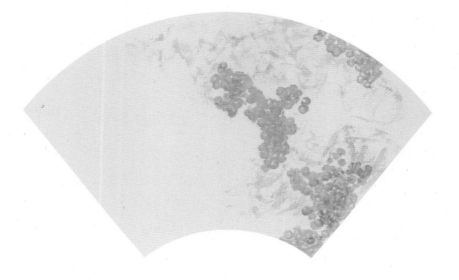

潘川/绘　蝉鸣时节

三候王瓜生：王瓜是一种红色的小果子，形状有点像橄榄，立夏的第三个五天，王瓜的蔓藤开始快速攀爬生长。

3. 母亲节——谁言寸草心，报得三春晖

立夏之后，五月的第二个星期日就是"母亲节"，是一个感恩母亲的节日。我国流传千年的母亲花是萱草，"谁言寸草心，报得三春晖"，诗中的"寸草"就是萱草。在这一天，小朋友可以帮妈妈做家务，或者给她画一幅画、写一张贺卡……不论你用什么样的方式，送什么礼物，只要是发自真心地向妈妈表达出你的爱和感谢，我相信，你的妈妈一定会非常开心幸福！

4. 立夏有什么好玩的传统游戏

斗蛋

在立夏这一天，有一个小孩子玩的传统游戏，叫作斗蛋。斗蛋这个游戏是怎么来的呢？古时候夏季炎热，又没有空调，小孩子胃口不好，打不起精神。古人认为吃鸡蛋有营养，所以就有了斗蛋这个游戏。

斗蛋要用煮熟的鸡蛋，把鸡蛋装到彩色的丝带网里，挂在脖子上。鸡蛋尖的是蛋头，圆的是蛋尾。斗蛋的时候，两个小朋友拿出各自的鸡蛋，蛋头对蛋头，蛋尾击蛋尾，两个鸡蛋相撞，谁的鸡蛋没有破，谁就获胜了，鸡蛋破了的人要把鸡蛋吃掉。

土柴胡

偷偷告诉你一个小技巧：在煮蛋的时候让爸爸妈妈加入一点小苏打，这样蛋壳就会变硬，在斗蛋的时候更容易获胜。

称人

夏季万物都在成长，小朋友也即将进入一年中长得最快的时候。所以立夏有一个好玩的习俗——"称人"。古时候没有体重秤，你猜他们是怎么称的呢？古人们会在屋梁或大树上挂一杆大秤，小孩坐在箩筐内或四脚朝天的凳子上，再

潘川/绘　大海也是孩子

把箩筐或凳子吊在秤钩上；大人就直接抓住秤钩，两脚悬空。大家轮流称重，负责称的人叫司秤人，他在给大家称重量的同时，还要讲吉利话。称老人时要说："秤花八十七，活到九十一。"称姑娘时要说："一百零五斤，员外人家找上门。勿肯勿肯偏勿肯，状元公子有缘分。"称小孩的时候说："秤花一打二十三，小官人长大会出山。"

人们希望通过"称人"这个习俗，添福增寿，图个好兆头。

5. "立夏尝三鲜" —— 地三鲜、树三鲜、水三鲜

立夏时节农作物的长势，关系到这一年的收获。所以，古人对立夏特别重视，这一天帝王要率领文武百官到郊外举行迎夏仪式。人们用这个时节最好的食物祭祀，后来渐渐演变成"立夏尝三鲜"的传统。"三鲜"指的是什么呢？各地有不同的说法，可以分为地三鲜、树三鲜和水三鲜。

地三鲜一般是指蚕豆、苋菜和黄瓜。蚕豆又叫发芽豆，立夏时节的蚕豆，正是籽粒生长得最饱满的时候。**树三鲜**是指青梅、杏子和樱桃。**水三鲜**一般是指海螺、河豚和鲥鱼。鲥鱼被誉为"江南水中珍品"。传说清朝康熙皇帝每次下江南都会选在春季，就是为了去吃鲥鱼。

6. 出生在立夏的小朋友是金牛座

金牛座出生在 4 月 20 日—5 月 20 日之间，在立夏节气出生的小朋友是金牛座。

在天空中，金牛座位于双子座和白羊座之间，是一个大星座。

金牛座中最引人注目的是两个巨大的星团，肉眼就可以看见，一个是昴星团，一个是毕星团。

在北半球的秋冬季时，金牛座是人们容易用肉眼看到的星座，你可以看到由三颗星星组成的"V"字形。古希腊人把它想象成一头长着两只长角的金牛的脸。整个星座看起来像一头凶猛的公牛，它正低着头，瞪着两只因愤怒而发红的眼睛，用坚硬的双角抵抗猎户座的猎人。

小满
——桑叶正肥蚕食饱

小满是夏季的第二个节气，天气越来越热，雨水也越来越多，这对农作物的生长非常重要。

小满大满江河满。

小满雨滔滔，芒种似火烧。

小满不满，干断田坎。

小满不满，麦有一险。

小满要满，芒种不旱。

小满时节的田园景色真美啊，风带来了雨水，到处都是生机勃勃的样子。

多多朗诵 小满

潘川/绘　顶小牛

归田园四时乐春夏二首(其二)

[宋] 欧阳修

南风原头吹百草，草木丛深茅舍小。

麦穗初齐稚子娇，桑叶正肥蚕食饱。

　　俗语讲："小满小满，麦粒渐满。"正如欧阳修诗中所写，麦穗开始长得饱满、齐整。

小满

——最接地气的节气

1. 小满有两层含义

小满始于每年的 5 月 20—22 日之间。小满有两层含义，在北方，"小满"是指谷物的颗粒开始饱满，迈出了它们成长的第一步，但还没到完全成熟的时候，所以叫小满。在南方，小满时节暴雨变多，河流、湖泊和田地里都蓄满了水，所以用"小满"来形容雨水的充沛程度，有谚语说"小满大满江河满"。

2. 小满的 15 天内有哪三种物候

小满是最接地气的节气，为什么这么说呢？我们从小满的物候中来寻找答案，"一候苦菜秀，二候靡（mí）草死，三候麦秋至"。

一候苦菜秀：苦菜，一般指苦苣菜。从先秦时代开始，苦菜就作为可以吃的野菜，登上了我们的餐桌。"秀"形容植物长得枝繁叶茂，"苦菜秀"就是说苦菜已经长得很旺盛了。古时候，在小满时节，往年的粮食已经吃光了，新一年的

潘川/绘　跳房子大天空

粮食还没成熟，在粮食短缺的情况下，人们只能吃些瓜果或野菜来充饥。所以古人把"苦菜秀"列为小满的一个物候，其实是用苦菜来反映底层百姓的辛苦生活。这就是为什么人们会觉得小满很接地气。苦菜虽然吃起来是苦的，但是它对我们身体很有益。初夏时节天气比较热，人们容易上火，苦菜就是对付上火的"良药"。苦菜还能让小朋友更有食欲，帮助消化。

二候靡草死：靡草是一种枝条又细又软，喜欢生长在阴暗角落里的植物。小满的第二个五天，靡草在烈日的照射下就会枯萎死亡，所以"靡草死"是夏季阳光越来越充足的标志。

三候麦秋至：这里的"秋"字说的不是季节，而是说麦子成熟的时候到了。小满的第三个五天，冬小麦开始成熟。摘下一把麦穗放在手里搓一搓，把麦粒放在嘴里嚼一嚼，味道甜甜的。微风吹来，看着黄色的麦浪随风波动，真是风景美如画。

3. 小满乍来蚕吐丝

小满前后，蚕要开始结茧了，养蚕的人家摇动丝车，将蚕茧抽出蚕丝，这个过程叫"缫（sāo）丝"。

蚕是自然界中最神奇的一种生物了，在短短的一生中，它的身体形态会经历好几次变化。从卵中孵化出来的时候，蚕是一条极细的黑色小虫，跟蚂蚁差不多大小，俗称"蚁蚕"。蚁蚕吃了桑叶后，快速生长，经过几次蜕皮，它的身体长大至原来的几十倍，蜕变成白白胖胖的蚕宝宝，约有拇指般大小。再经过一段时间，它就成熟了，开始吐丝结茧，把自己包裹在一个椭圆形的白色茧子中。如果这个时候

荇菜

你剪开蚕茧，你会看到白色的幼虫变成了一个黑色的蛹。几天之后，蛹不可思议地长出一对翅膀，羽化成蛾。蛾咬破茧壳钻出来，再产下蚕卵，一轮新的生命循环就开始了。小满时节，胖嘟嘟的蚕开始吐丝结茧了，它们常常躲在角落里进行。经过 4 天左右，蚕就会化蛹，再耐心等上 10 多天，它就变成蚕蛾了。

小朋友们，你也来试试养一只蚕宝宝，每天观察它的变化并记录下来吧。

4. 最早的蚕是从哪里来的呢

相传，在很久以前，深山里住着一对父女，家里养着一匹白马。有一次，父亲外出征战，过了很久都没回家。小姑娘每天都盼望着父亲回来，于是她对家里的白马说："如果你能把我父亲接回来，我就嫁给你。"白马听后，立刻飞奔出了家门，没过几天，白马就驮着姑娘的父亲回来了。

父亲得知女儿对白马的承诺后，心想：人怎么能跟一匹马结婚呢？于是，他为了阻止这桩荒唐的事情，狠心将白马杀掉了，还把白马的皮剥了下来，晾在院子里。突然有一天，刮来一阵风，马皮竟然卷起了姑娘，随风飞走了！父亲看到后心急如焚，把村里人都喊来一起寻找女儿的下落。大伙儿走进了一片树林，发现小姑娘和马皮居然化成了一只巨大的蚕，在一棵大树上吐着丝！姑娘的父亲伤心地回去了。

后来有一天，姑娘乘着白云，驾着白马从天而降，她对父亲说："我得到了天帝的恩赐，被封为女仙，在天界过得很好，请不要为女儿担心。"

这个故事被人们口口相传，家喻户晓，这位姑娘也被大家供奉为"蚕神"，人们把发现姑娘的树叫作桑树。由于蚕吐丝的时候，头扬起来跟马头很像，所以把蚕叫作"马头娘"。从此之后，养蚕的人家每逢小满时节都会祭祀蚕神"马头娘"，祈祷养蚕种桑的丰收。

5. 古人是如何发现用蚕丝来制作衣服的呢

中国是蚕丝的发源地，古人是如何发现用蚕丝来制作衣服的呢？传说嫘祖是第一个学会养蚕，并用蚕丝做衣服的人。

传说黄帝战胜蚩尤后，建立起了部落联盟，黄帝被推选为部落联盟的首领。在那个蛮荒时代，丰衣足食就是人们最大的愿望。于是，黄帝开始带领大家发展生产，让自己的子民收获充足的食物；他把"丰衣"的任务交给了嫘祖，于是嫘祖经常带着妇女上山剥树皮，织麻网，把男人们打猎回来的动物皮毛剥下来，用这些材料给大家做衣服。

一天，几个妇女采到一种白色的圆溜溜的果子，怎么咬都咬不烂，她们便去向嫘祖求助。聪明的嫘祖拿起小果子仔细观察了一番，发现果子的表面都是细细的丝线。嫘祖露出了微笑，对周围的妇女说："这些不是果实，不能吃，但这些丝线，却有很大的用处。"

嫘祖在桑树林里仔细观察了一段时间，终于弄清楚这些白色小果子是怎么来的。这些小果子，其实来自一种会吐丝的小虫子，它们吐出细细白白的丝线把自己的身体缠绕、包裹起来，结成圆溜溜、白花花的一团挂在树上，乍一看还真像是桑树结出来的果实。在嫘祖的带领下，妇女们开始养起了蚕宝宝，并慢慢学会将蚕丝分离出来做衣服。这种用蚕丝制成的平滑、轻薄的布，就是后来我们熟悉的丝绸。后人为了纪念养蚕缫丝这个伟大的发现，尊称嫘祖为"先蚕娘娘"。

6. 出生在小满的小朋友是双子座

双子座出生在 5 月 21 日—6 月 21 日之间，在小满节气出生的小朋友是双子座。

在古希腊传说中，双子座源自于一对勇敢、友爱的双胞胎。

这对双胞胎，哥哥叫卡斯托耳，弟弟叫波鲁克斯。他们拜智者喀戎为师，学习武艺。哥哥擅长马术，没有人能比得过他；弟弟精于拳击，威名远扬。兄弟俩雄姿英发，患难与共，历经无数冒险。

一头巨大的野猪攻击希腊，它践踏田地，损坏房屋，人们苦不堪言。于是，这对双胞胎率领许多勇士追杀野猪，结果大获全胜。没想到，勇士们却因为争抢功劳引发了冲突。在混乱中，哥哥卡斯托耳不幸被杀害。波鲁克斯抱着哥哥痛哭不止，希望哥哥苏醒过来。弟弟请求宙斯，让哥哥复活。

宙斯被他们的手足之情所感动，让他们化作天上的双子座，永远生活在一起。

芒种
——忙着种下希望

芒种芒种，农民伯伯都在忙着种，芒种的到来，预示着农民开始了忙碌的田间生活。

这个节气，是种植水稻的大好时机：

农夫插秧，插了一行（háng），再插一行。

农夫灌水，灌了一回，再灌一回。

农夫除草，除去野草，好长禾苗。

唐代诗人元稹（zhěn）有一首关于芒种的诗，是这样写的：

咏廿四气诗·芒种五月节

[唐]元稹

芒种看今日，螳螂应节生。

彤云高下影，鹍（yàn）鸟往来声。

渌沼莲花放，炎风暑雨情。

相逢问蚕麦，幸得称人情。

多多朗诵 芒种

潘川/绘　如花美眷

芒种
——既要忙着收，又要忙着种

1. 忙着种下希望

"芒"是指谷类植物的种子壳上像针尖一样的东西，比如说在小麦的麦穗上，那些尖尖有刺的部分就是芒。"芒"预示着大麦、小麦这些作物已经成熟，需要赶快抢收。

芒种时节，农民们都在忙着夏收、夏种，非常辛苦。有民间谚语这样说：

芒种忙，麦上场。

忙不忙，先打场。

芒种芒种，连收带种。

选种（zhǒng）忙几天，增产一年甜。

麦松一场空，秋稳籽粒丰。

芒种前后麦上场，男女老少昼夜忙。

麦子收割之后，农民们还不能休息，要赶快抢种新一轮的作物，所以芒种就是"有芒的麦子快收，有芒的稻子可

鹿蹄草

种"。芒种既要忙着收，又要忙着种，还真是一个"很忙"的节气呢。

2.芒种的 15 天内有哪三种物候

一候螳螂生：螳螂妈妈去年深秋产的卵，在芒种的第一个五天内开始破壳，生出小螳螂。有一个成语是"螳臂当（dāng）车"，讲的是螳螂奋力举起前腿来抵挡马车前进，意思是说想用极小的力量阻挡巨大的事物，自不量力地去做办不到的事情。在中国，螳螂是勇士，也是无知无畏的象征。

潘川/绘　入戏

对农民来说，螳螂是个好帮手，它能吃掉田地里的各种害虫。螳螂有个厉害的技能，它的保护色使它看起来和周围环境极相似，这样既能躲避天敌，又能出其不意地捕捉猎物。

二候䴗（jú）始鸣："䴗"指的是伯劳鸟，芒种的第二个五天，伯劳鸟开始在枝头上鸣叫。我们常说的一个成语"劳燕分飞"中的"劳"就是指伯劳鸟，"燕"就是我们熟悉的燕子。古人看见伯劳鸟向东飞，燕子向西飞，它们擦肩而过分道扬镳，就用"劳燕分飞"来形容别离了。

三候反舌无声：芒种的第三个五天，一种叫反舌的鸟不再鸣叫，反舌鸟又叫作百舌鸟、黑山雀，它的样子和会说话的八哥有点像。反舌鸟的模仿能力特别强，能够学习其他鸟类的叫声。

3. 端午节的来历——屈原投江

每年农历的五月初五是端午节，它与春节、清明节、中秋节并称为中国四大传统节日。关于端午节的来历，最著名的就是屈原投江的故事。

屈原，生活在两千三百多年前的战国时代，他年轻时胸怀远大抱负，有超群的才干，深得楚怀王的信任，是掌管内政外交的重要大臣。但一些贵族为了自身的利益，非常忌恨屈原，经常在楚怀王面前说屈原的坏话。楚怀王一时糊涂听信了他们的话，逐渐疏远屈原，并把他流放到汉北，也就是今天的湖北境内。

后来楚国的都城被秦国的军队攻破，屈原眼看自己的祖国被侵略，却无能为力，在巨大的失望和痛苦中，他来到了汨（mì）罗江边，抱着一块大石头纵身跳入江水中，最终葬身江底。当地的百姓听说屈原投江后，纷纷划船寻找他，并把饭团投入江中，希望江中的小鱼不要吃屈原的身体。人们为了纪念屈原，在每年的这一天，都要划船向江中扔饭团，慢慢地演变成了在端午节赛龙舟和吃粽子的习俗。

4. 吃粽子、赛龙舟

吃粽子

说到端午节，大家第一个想到的就是粽子。北方的粽子通常包着豆沙或小枣，而南方粽子的馅料更丰富，有豆沙、鲜肉、八宝、火腿、蛋黄等等。当蒸锅打开的一瞬间，清香扑面而来，吃起来软糯美味，是大人小孩都抗拒不了的味道。

赛龙舟

龙舟，是像龙一样的船，一般是狭长的，船头和船尾分别装饰成龙头和龙尾的样子。龙头都是在比赛前才装上船头，一般是用木头雕成，再涂上颜色，红色的叫"红龙"；也有涂成黑色或灰色的，叫"黑龙"或"灰龙"，龙头的造型千姿百态。龙尾大多用整块木头雕刻而成，还要雕出一片片的鳞甲，当龙舟在水中穿梭的时候，龙尾的鳞片在阳光的照耀下栩栩如生。龙舟比赛时，鼓声震天、浪花四溅，场面十分壮观。在今天，赛龙舟不仅是民俗活动，更发展成为一项水上体育运动，甚至在世界各地都有赛事。

5. 插艾草、斗草

门口插艾草

传说"神农尝百草"之后,人们对草药的认识越来越多,百姓们会成群结队去郊外采草药。民间有端午节在门口插艾草的习俗,因为艾草的茎和叶可以产生奇特的芳香,能够驱除蚊虫。

斗草

有一项很古老的端午游戏是属于小朋友的,叫作斗草。两个小朋友各自选一片叶子的叶柄,两个叶柄互相交叉成十字,然后向自己的方向用力拉,谁的叶柄断了,谁就输了。这个游戏看起来简单,其实大有学问,不仅要考验叶柄的韧劲,还要看发力的技巧呢。斗草的时候就像两个军队交战一样,十分有趣,大自然中有各种新奇的宝贝等待你去发现哦。

6. 出生在芒种的小朋友是双子座

双子座出生在 5 月 21 日—6 月 21 日之间,在芒种节气出生的小朋友是双子座。

在天空中,双子座位于猎户座的东北面。

世界各地的人们都将双子座想象成为一对亲密无间的双生子。有趣的是,双子座两部分的组成十分相像,都是由 6 颗星组成的六合星。

夏至

——一年中白天最长，夜晚最短的日子

　　夏至是一年中白天最长、夜晚最短的日子。从夏至开始，白天会慢慢缩短，夜晚将渐渐变长。我很喜欢读《九九歌》，《九九歌》分为《夏九九歌》和《冬九九歌》。夏至数九，是为了感受暑热；冬至数九，是为了记录寒冷。

　　夏至入头九，羽扇握在手；

　　二九一十八，脱冠着罗纱；

　　三九二十七，出门汗欲滴；

　　四九三十六，卷席露天宿；

　　五九四十五，炎秋似老虎；

多多朗诵 夏至

潘川/绘　捉迷藏

六九五十四，乘凉进庙祠；

七九六十三，床头摸被单；

八九七十二，子夜寻棉被；

九九八十一，开柜拿棉衣。

　　什么是夏天的声音呢？是白天知了"知了知了"的叫声，是夜晚蟋蟀"唧唧吱"的声音，还是青蛙"呱呱"的叫声呢？小伙伴们，你听到了哪些夏天的声音呢？

夏至

——日长长到夏至

1. 嬉，要嬉夏至日

夏至始于每年的 6 月 20—22 日之间。这是一个很特别的日子，有这样一句谚语叫"嬉，要嬉夏至日；困，要困冬至夜"。这句话的意思是说，要玩，就要在夏至这一天好好玩；要睡觉，就要在冬至这一天充足地睡。

为什么这么说呢？因为夏至和冬至，分别是一年中白天最长和晚上最长的两天。古人没有电灯，一到夜晚，周围环境就完全黑了，太阳落山以后，人们就开始了休息。而夏至这一天，是一年中白天时间最长的一天，所以才说"嬉，要嬉夏至日"，在白天玩个痛快！

2. 夏至是怎么来的

最开始，古人在地上竖一根旗杆，测量它影子的长度，发现影子最短的时候是在每天正午。后来，聪明的古人发明了圭表，他们将一年中正午表影最短的这一天定为夏至，而表影最长的一天定为冬至。

潘川/绘　小扇凉风

3. 夏至的 15 天内有哪三种物候

一候鹿角解：鹿的耳朵上面长有一对角，高高的，有一些分叉，在夏至的第一个五天内，鹿的角开始脱落。鹿角有超强的再生能力，看起来坚硬的鹿角每年都会经历生长、死亡、脱落、再生的过程。

二候蝉始鸣：夏至的第二个五天，我们总会听到树上传来"知了、知了"的叫声，这就是蝉在唱歌。蝉的发声很有

藻、蘋

趣，它是用肚子来唱歌的。小朋友们说话的时候把手放在喉咙的位置，会感觉到喉咙在震动，因为我们发声的位置是声带。另外，只有雄性的蝉会叫，雌性蝉的发声构造不完全，所以很遗憾它不能唱歌。

蝉的一生大部分时间都在泥土中度过，它们要在地下待上好几年，才能钻出土壤爬到树枝上，每年都是如此，真的令人敬佩！

三候半夏生：夏至的第三个五天，半夏开始生长。半夏是一种野生的草药，因为生在"夏日之半"，也就是夏天的一半，所以被称为半夏。这种草药长得很小，叶子细细长长，开的花有点像是微型的绿色马蹄莲。它经常生长在荒地、玉米地、田边，如果不会辨认，很容易把它当成杂草。对古人来说，这种不起眼的小草是一种非常重要的草药，它的地下块茎有化痰止咳等功效。

4. 为什么夏至要吃面呢

夏天的时候你喜欢吃什么？甜甜的冰激凌还是红通通的西瓜？其实夏至有个习俗是吃面的，民间的谚语是这样说的："冬至饺子夏至面""吃过夏至面，一天短一线"！

为什么夏至要吃面呢？一是因为夏至前后是小麦丰收的时候，新鲜面粉的营养价值很高，所以人们常常在这个时候吃面，不仅是为了庆祝丰收，也是为了吃新鲜面粉做出来的最有营养、最好吃的面条。

二是因为夏至以后气温会逐渐升高，即将进入最热的阶段，也就是所谓的三伏天。大热天，我们都不想吃饭，人们就会改变饮食，用热量低、便于制作的清凉食品作为主要的食物，面条就成为首选，夏至面也叫作"入伏面"。在北方喜欢吃过水面，就是把面条煮熟，用凉水过一下，再拌上喜欢的酱汁、蔬菜、肉丁等，特别爽口，非常适合在炎炎的夏日食用。

夏天天气炎热，小朋友们比大人更怕热，也更容易出汗，爸爸妈妈们在夏天要多多关注小朋友们的身体状况，不要让他们在户外做太剧烈的运动，出门玩的时候，带一个水壶，及时补充水分。小朋友们也要注意，为了你们的身体着想，即使天气再热也不能吃太多冰激凌！要不然，肚子不舒服，就不能像咱们开篇说的那样，在夏至日这一天痛痛快快地玩了！

5. 出生在夏至的小朋友是巨蟹座

巨蟹座出生在 6 月 22 日—7 月 22 日之间，在夏至节气出生的宝宝是巨蟹座。

在古希腊神话中，巨蟹座源自于赫拉忠诚的巨蟹。

神后赫拉想要杀掉赫拉克勒斯。一次，她派出一只巨蟹对战赫拉克勒斯。巨蟹用强有力的双钳紧紧夹住赫拉克勒斯的脚，让他无法动弹。赫拉克勒斯使出浑身解数，想要掰开巨蟹的双钳，都没能成功。最后，赫拉克勒斯不得已将巨蟹踩成碎片。然而，一直到死，巨蟹都没有松开双钳。

赫拉被巨蟹的忠诚感动，于是将它放在天上，作为巨蟹座。

小暑
——小暑起燥风，日夜好晴空

多多朗诵 小暑

小暑的热情滚滚而来，空气中涌动着一波一波的热浪。民间有谚语这样说：

小暑南风伏里旱。

小暑一声雷，黄梅去又回。

小暑起燥风，日夜好晴空。

唐代诗人元稹有一首诗《小暑六月节》这样写小暑节气：

小暑六月节

[唐] 元稹

候忽温风至，因循小暑来。

竹喧先觉雨，山暗已闻雷。

你知道古人在夏天怎么避暑吗？他们会在湖边或树下乘凉。还有一个从古至今都好用的消暑方法——吃西瓜。西瓜我们都爱吃，可是你知道它从哪里来的吗？接着看多爸的讲解，他会告诉你西瓜的秘密。

潘川/绘　皮筋界也有大师

小暑

——正是暑热的开始

1. 小暑大暑，上蒸下煮

小暑始于每年 7 月 6—8 日之间。提到暑，小朋友是不是首先想到暑假？夏至过后的这几十天被古人们称为"暑"。暑字，上面是一个日，下面是一个者，代表大地上的万事万物，包括人在内，都是被太阳照耀着的。所以 24 节气中的小暑、大暑、处暑，这些"暑"都代表炎热的意思。民间有"小暑大暑，上蒸下煮"的谚语，小暑正是炎热的开始。

小暑时节，小朋友们最期待的就是放暑假了吧，可以去户外尽情玩耍了。出去玩时尽量选择早上或下午，避开中午最晒的时候，外出时也要注意防晒。

2. 小暑的 15 天内有哪三种物候

小暑有多热呢，从小暑的三个物候就能看出来："一候温风至；二候蟋蟀居壁；三候鹰始挚（zhì）。"

一候温风至：小暑的第一个五天内，大地上不再有一丝凉风，风像一波一波的热浪一样向人袭来。

黄瓜

二候蟋蟀居壁：小暑的第二个五天，此时蟋蟀的幼虫还没有翅膀，它们居住在田野里土穴的壁上，所以说"蟋蟀居壁"。前面我们说到蝉是用腹部发出声音的，蟋蟀的叫声也不是从嘴巴里发出的，而是通过振动翅膀，所以这个时节的蟋蟀还不能发出声音。等到农历七月，它们才从洞穴里出来。

三候鹰始挚：小暑的第三个五天，老鹰因为地面温度太高而改在清凉的高空中翱翔。

连蟋蟀和老鹰都忍受不了的热，看来小暑的热风威力真是不小。

3. 小白龙探母

在多雨的小暑，还有一个动人的传说——小白龙探母。

传说有一位水母娘娘，她是负责管理江河湖海的神仙。水母娘娘有一个神奇的水桶，可以装下五湖四海的水，她每天拎着小水桶四处游荡，哪里江河水少了，她就从水桶里舀一点，水多了就舀走点。一天，水母娘娘不小心将水桶里的水洒出来了一点，这对人间却是一场灾难，一下把泗（sì）州给淹没了。因为水母娘娘的罪过太大，玉皇大帝非常生气，要惩罚她，于是派天兵天将把她捉住，押在洪泽湖的龟山井里，并派神将镇守，永远不放她出来。

水母娘娘的儿子小白龙得知母亲被押在龟山井里，心里非常难过。小白龙想去看看母亲，就向师父张天师求情，让他允许自己去见见母亲。但张天师迟迟不肯答应，小白龙不断地哀求，张天师终于被感动了。他对小白龙说："放你去见你母亲一面可以，但你要记住，你一路上要小心。飞行时要轻风细雨，千万不能大风大雨。如果你给人间带去狂风暴雨，伤害百姓，到时不要怪我无情。"

小白龙高兴极了，可是他刚一离开，就把张天师的话全都抛在脑后。他思母心切，飞得非常快，天空立刻布满了乌云，导致人间刮起狂风，好多大树都被连根拔起。同时暴雨下个不停，雨点像酒盅那么大。张天师发现后，十分生气，他施法在小白龙头顶上打了一掌。这一掌，声音像炸雷一样。小白龙一惊，赶快将风雨收回。

小白龙到了关押母亲的地方，他只能站在井栏上与母亲讲话。还没讲几句话，小白龙早已泣不成声，泪水从眼眶里滚滚而下。后来，人间传说在夏季如果下大雨、发大水，就是小白龙去见母亲时流的眼泪，小白龙探母的故事一直流传至今。

4. 小暑时节特殊的活动——晒书

古时皇宫里会在农历的六月六日前后举行晒书活动，把所有皇家的书籍翻出来，搬到户外，放在太阳下晒一晒。因为古代书籍大部分是由植物纤维的纸张制成的，一旦遭到水浸、虫蛀或者霉烂，特别容易损坏。经过阳光的曝（pù）晒，既能防止书潮湿发霉，也能防止书虫偷偷地啃食纸张。正是由于古人对书籍的爱护，才让那么多古籍能够很好地保存，让中华文明的知识和智慧一直流传下来。

尤其是南方，雨水较多，物品容易受潮发霉，当天气晴朗时，可以把家里的衣服、被子都拿出来让太阳公公晒一晒。

5. 古人在夏天吃什么来消暑

你知道古人在夏天怎么避暑吗？他们会在湖边或树下乘凉。还有一个从古至今都好用的消暑方法——吃西瓜。古时候的冰镇西瓜特别有趣，人们把西瓜放在井水里浸泡，吃起来冰凉沙甜。

西瓜我们都爱吃，你知道它是从哪里来的吗？

其实西瓜并不是中国本土的水果，是地道的"进口货"。西瓜的祖先在非洲大陆，后来西瓜传入欧洲和中东地区，在唐朝之后的五代十国时期，由西域慢慢传到我国的中原地区，开始在中国生根发芽。

小朋友你会挑西瓜吗？首先看西瓜的外表，颜色是青绿色，花纹很清晰，摸起来表皮很光滑，如果有瓜蒂，要选卷卷的像小猪尾巴一样的，这样的瓜一般就是新鲜成熟的西瓜。爸爸妈妈买西瓜的时候总会拍一拍听听它的声音，发出"咚咚"声，声音清脆的就是熟瓜。

6.出生在小暑的小朋友是巨蟹座

　　巨蟹座出生在6月22日—7月22日之间，在小暑节气出生的小朋友是巨蟹座。

　　在天空中，巨蟹座位于双子座的东面、狮子座的西面，在十二星座中，是最暗的星座。虽然巨蟹座星光暗淡，找起来倒也不难，先找到耀眼的狮子座和双子座，它们之间的就是巨蟹座。

　　在巨蟹座中央，眼力好的人可以看到一小团白色的雾气，我国古人描述它："如云非云，如星非星，见气而已。"后来，天文学家发现它是一个星团，并称之为"鬼星团"。

潘川/绘　忽有鹰来鸡群乱

大暑

——清风无意不留人

多多朗诵 大暑

大暑是一年中最热的时候，人们盼望着雷阵雨赶快到来，带来一丝清凉。有一段话是这样说的：

夏日大热，午后，黑云起于西方。

电光四射，雷声震耳，大雨骤至。

傍晚，雨止云散，凉风吹来，暑气渐减。

大暑正好在最热的三伏天里，大人们常说这是"桑拿天"，浑身感觉黏糊糊的。虽然又闷又潮，但是大暑节气对农业生产非常有好处，有民间谚语是这样说的：

大暑炎热好丰年。

大暑不暑，五谷不起。

六月盖夹（jiá）被，田里不生米。

人在屋里热得燥（zào），稻在田里哈哈笑。

潘川/绘　吹泡泡

大暑
——一年中最灿烂的日子

1. 大暑是一年中最热的时期

大暑始于每年的 7 月 22—24 日之间。好奇的小朋友就要问了，小暑和大暑有什么不同？小暑是天气开始炎热，但还没到最热。而大暑就到了"三伏天"里的"中伏"前后，是一年中最热的时期。

什么是"三伏天"呢？"伏"字，左边是一个"人"字，右边是个"犬"字，意思是人像小狗一样匍匐着，小狗在炎热的天气中只能老老实实地趴在阴凉的地方消暑。所以"伏天儿"的意思是人们也会像小狗一样，能趴着就不动，在夏天避开暑热。

"伏天儿"是一年当中最热的一段时间，分为三个阶段，初伏一般有 10 天左右，中伏有时是 10 天，有时是 20 天，末伏是 10 天。前面我们说大暑是在中伏左右，是三伏天里最热的时候，天气又闷热又潮湿，人就像待在蒸锅里一样。

2. 大暑的 15 天内有哪三种物候

一候腐草为萤：大暑的第一个五天内，草地上方开始出现萤火虫。因为萤火虫的幼虫大多生活在比较湿润、草本植被比较茂盛的地方，所以古人认为萤火虫是由腐败的枯草变成的。萤火虫是大暑时节的标志，只要萤火虫一出现，人们就知道夏天最热的时候来了。

二候土润溽暑："溽"是湿润、闷热的意思。大暑的第二个五天，天气开始变得闷热，土地很潮湿。

三候大雨时行：大暑的第三个五天，时常有大雨出现，雨水让暑热慢慢减退，天气开始向下一个节气立秋过渡。

槐花

3. 萤火虫发光，因为它想要寻找伴侣

宁静的夏夜，萤火虫在草丛中飞来飞去，星星点点的亮光一闪一灭，特别神奇。你知道萤火虫为什么能发光吗？

能发光的是萤火虫的尾部，那里有一种能发光的细胞。这种发光的细胞有两种化学物质，荧光素和荧光素酶。在萤火虫的尾部有一个发光器，上面有气孔，当气孔打开后空气进入，氧气就能跟这些化学物质发生反应，产生的能量几乎都是以光的形式释放出来，所以萤火虫会发光，但它不会被这种光烧伤。而当气孔闭合，没有了空气，它就不发光了。所以萤火虫会发出一闪一闪的光。其实，萤火虫之所以发光，是因为它想要寻找伴侣。人们向萤火虫学习发光的原理，还发明了日光灯。

4. 什么叫"囊萤映雪"

晋朝时有一个叫车胤的孩子，特别爱学习。但是他家境贫寒，没有钱买灯油供他晚上读书，他只能利用白天的时间看书。在夏天的一个晚上，他看见许多萤火虫在低空中飞舞，一闪一闪的亮光，在夜晚显得特别耀眼。他想，如果把许多萤火虫聚集在一起，不就成为一盏灯了吗？于是，他找了一只白绢口袋，抓了几十只萤火虫放在里面，再扎住袋口，把它吊起来。虽然不怎么明亮，但可以勉强用来看书。由于他勤奋刻苦，终于学业有成，当上了吏部尚书。

在古代，萤火虫是很常见的昆虫。而现在的城市中几乎看不到萤火虫，因为城市中没有适合萤火虫生活的茂盛的树

林和草木，还有一个原因就是萤火虫害怕强光。萤火虫发出的光是它们互相交朋友的信号，它们通过光来辨认对方。而城市里的光太亮了，萤火虫看不到其他伙伴，它们没办法互相联络，也没办法繁衍。

虽然车胤抓萤火虫是为了学习，但是小朋友们可不要模仿，要好好保护我们的生态环境，才能让这些可爱的小家伙们继续闪闪发光！

5."伏天无君子"

这么热的夏天，古人又没有空调来降温，一定很难熬。古人们到底有多热呢？

在我国宋代的时候，非常讲究服装的颜色、质地和款式的规制，人们需按规定穿不一样的服装，这样能让人一眼看出你的职业和职位。就像校服一样，通过不同的校服款式能分辨出你是哪个学校的，读几年级。后来宋代首都由汴梁迁往临安，就是由河南到浙江。浙江杭州的天气更加湿热，南迁的官员和士绅们的服装是好几件层层叠加的，非常厚重，他们适应不了江南暑热的煎熬，很难严格遵守服装方面的规定。礼部的官员看到大家不按规定穿衣服，觉得不合礼数，但是气候这么炎热，也没办法要求人人都穿得那么多。于是礼部官员按"人情趋简便"的道理向皇帝做报告，希望能按照本地气候，改革着装要求，让大家穿得更舒适方便。于是皇帝重新颁布规定，在非官方、非正式的场合，大家可以穿轻薄的便服。

这段故事就叫"伏天无君子"，就是说三伏天的炎热，连严肃的官员们都无法忍受，没法再做一个合礼数的绅士了。

6. 古人如何避暑

讲到这里，小朋友们一定很好奇，没有空调和冰激凌的夏天，古人是如何度过的呢？

首先，古人在造房子的时候就有很多特别的设计。比如说冷巷，这是一种细长的小通道，一般是几座房子之间形成比较窄的巷道，或者是在一栋房子的一侧留出来一条小廊道。冷巷有自然通风的功能，因为它的面积很小，所以风在经过冷巷时风速会增大，与冷巷接通的各个房间里，热的空气会被带走，凉爽的空气就会进入房间，起到通风降温的作用。在岭南地区长期湿热的气候环境下，自然通风，让风带走潮湿的空气，比遮阳、隔热更重要。

那么古人有没有冰箱和空调呢？其实也是有的。古代的冰箱叫冰鉴，就是夏天用来盛冰的一个大箱子，一般是用木头或者青铜制作的。那冰鉴里面的冰

潘川/绘　快乐音符

块是哪儿来的呢？冰块是在冬天的时候就保存下来，藏在地底下的。古时候的冰块很珍贵，只有皇帝和非常富贵的人才用得起。在冰鉴里放冰块，把水果和食物也放进去，这样在炎热的夏天可以保存食品，想吃的时候还能吃到冰冰凉的美味。我们的祖先是不是很聪明？

　　说到了冰箱，那古时候有没有冰激凌呢？也是有的。古时的冰块很珍贵，但到唐代的时候，经济繁华了，民间也开始出现卖冰的商贩。人们把果汁、牛奶、药茶和冰块混合在一起，调制成冰冻的饮品，名叫冰酪，这就是古代的冰激凌。

7. 出生在大暑的小朋友是狮子座

狮子座出生在 7 月 23 日—8 月 22 日之间，在大暑节气出生的小朋友是狮子座。

相传狮子座的由来与赫拉克勒斯有关。

赫拉克勒斯是宙斯和凡人的孩子，他天生神力，是众人皆知的大英雄。神后赫拉处处刁难赫拉克勒斯，让他完成十二项难如登天的任务，其中一项是要杀死一头食人狮。

食人狮十分凶猛，刀枪不入、力大无比，赫拉克勒斯与它几经搏斗，最终将食人狮杀死，并将食人狮扔上天空，变成了狮子座。

潘川/绘 陀螺

秋季

我言秋日
胜春朝

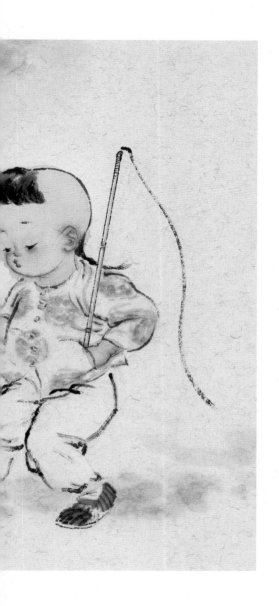

秋天的三个月有六个节气：立秋、处暑、白露、秋分、寒露、霜降。

夏天气温高，湿度也大，可到了立秋那天，天气变化很明显，你能感觉到秋高气爽了。

到了秋天，"秋风扫落叶"会给人一种残酷无情的感觉。进入秋天后，太阳渐渐远行了，地上慢慢出现白白的露水，再冷一点，白霜也有了。

从秋天开始，特别是秋分过后，日子慢慢变得昼短夜长，这时我们可以早起，但是一定要早睡了。"秋三月，早卧早起，与鸡俱兴。"——《黄帝内经》

立秋
——一夜新凉是立秋

　　温暖的南风渐渐少了，天空刮起了凉爽的北风，我们迎来了秋天的第一个节气——立秋。秋天有多美呢？唐代诗人刘禹（yǔ）锡（xī）专门写了一首诗《秋词》来表现秋季的美景。

秋词

[唐] 刘禹锡

自古逢秋悲寂寥（liáo），我言秋日胜春朝。

晴空一鹤（hè）排云上，便引诗情到碧霄（xiāo）。

多多朗诵 立秋

民间也有这样的谚语：

立秋一日，水冷三分。
早上立了秋，晚上凉飕飕。
立秋核桃白露梨，
寒露柿子红了皮。

　　白色的棉花、金黄的谷子、红色的柿子……秋天的色彩可真丰富啊。这是收获的颜色，是幸福的颜色。说到幸福，一年才能见一次面的牛郎和织女要在乞巧节（七月初七）这天相会了，这一天的他们应该是最幸福的吧。

潘川/绘　墨香人家

立秋
——落叶知秋

1.什么叫"落叶知秋"

"立"是开始的意思，"秋"字左边是禾，右边是火，表示禾谷要成熟了。

立秋来了，就意味着秋天真的到来了。

立秋始于每年的 8 月 7—9 日之间，这时天气渐渐变冷，走在户外明显感受到迎面扑来的丝丝凉风。树上的叶子也开始变黄，一片片落下，所以有个成语叫"落叶知秋"。

2.什么叫"秋老虎"

有些地方的小朋友会问，"为什么秋天来了，外面的天气还是这么热啊？"也许，你正好遇上了"秋老虎"！

民间有这样一句谚语："立秋不落雨，二十四只秋老虎。"古时候，科学技术还没有现在这么发达，古人通过观察立秋当天的天气来预测整个节气的天气变化，如果当天天上没有落下一滴雨，那么在接下来的二十多天，太阳就会一直高高

红小豆

地挂着，人们依然会感到无比炎热，这种现象就是我们常说的"秋老虎"。

相反，如果立秋当天下了雨，那这个秋天就叫作"顺秋"。人们常常用"一场秋雨一场寒"来描述顺秋的景象。而顺秋以后，天气也会越来越凉爽。

3.立秋的15天内有哪三种物候

一候凉风至：立秋的第一个五天内，当刮风时，人们会感觉到凉爽。这时的风不像夏天那样又热又湿。等到太阳下山，夜里的凉风吹来，温度会迅速下降，产生较大的昼夜温差。

二候白露生：立秋的第二个五天，雨水增多，早晨起来可以看到室外植物的叶子上挂着一颗颗晶莹的露珠，大地也会被白茫茫的雾气笼罩。

三候寒蝉鸣：立秋的第三个五天，会出现一种叫"寒蝉"的昆虫，"寒"就是寒冷的意思，也就是在天气转凉之后才出来活动的知了。它们在微风吹动的树枝上得意地鸣叫着，好像是在跟你说："炎热的夏天已经过去，凉爽的秋天要来喽。"

4.立秋不仅是收获的好时机，
还是放松心情的好季节

说到收获、丰收，就不得不提秋收了。秋收是指立秋到来，谷物成熟，大家都相互帮忙去田里收割粮食，包括稻谷、玉米、棉花、芝麻等。

秋收时，妇女、老人、十来岁的小孩儿，他们手提竹篓，一排接一排，挨个儿去掰已经成熟的玉米。收割完后，大家抱着丰收的果实，幸福地回到家中。

立秋时节，向日葵盛开——它长着圆圆的花盘，金黄色的花瓣，像个小太阳。向日葵是很神奇的植物，白天它的花盘朝着太阳移动，所以又叫"朝阳花"。向日葵不停地吸收养分，到了深秋，就能结出清脆的瓜子了。

立秋不仅是收获的好时机，还是放松心情的好季节。立秋时，天气没那么炎热，晚上会有很多人出来乘凉。爸爸妈妈可以领着小朋友去观赏"夏季大三角"——在夜晚，你抬头看天空的东南方，会发现由三颗很亮的星星组成的一个三角形。它们分别是天琴座的织女星、天鹰座的牛郎星，还有天鹅座的天津四。

5. 牛郎织女的故事——"金风玉露一相逢，便胜却人间无数"

七月初七是我们传统的七夕节，关于七夕节有一个浪漫的爱情故事。

传说在天庭上，有两位神仙，分别是牵牛和织女。织女和牵牛情投意合，心心相印。可是，天条律令是不允许神仙恋爱的。织女是王母的孙女，王母舍不得惩罚她，便将牵牛贬到人间。

被贬到人间的牵牛，出生在一个乡村，取名牛郎。牛郎带着老牛，每天辛苦耕作种田。突然有一天，这头老牛居然开口说话了！牛郎并不知道，这头老牛原是天上的金牛星。它说："牛郎，今天你去碧莲池一趟，那儿有仙女在洗澡。你把那件红色的仙衣藏起来，穿红仙衣的仙女就会成为你的妻子。"

在老牛的帮助下，牛郎和织女终于成亲了。他们还生下了一儿一女，日子过得幸福美满。

有一天，王母知道了这件事，很生气，就把织女带回了天庭。牛郎在老牛的帮助下，用箩筐挑着两个孩子在后面紧紧追赶，眼看就要追上了，王母取下头上的金发簪划出了一条天河，挡住了牛郎的去路，分开了织女和牛郎。孩子们放声大哭，牛郎也默默流泪，织女看着天河对岸的牛郎和儿女，久久不愿离去。

牛郎和织女伟大的爱情感动了喜鹊，无数喜鹊飞到天空中，用身体搭起了一道跨越天河的彩桥，让牛郎织女在天河上相会。王母无奈之下，只好允许牛郎织女每年七月七日在鹊桥上见一次面。从此，牛郎和他的儿女就住在了天上，隔着一条天河，和织女遥遥相望。

在立秋的夜空中，我们至今还可以看见银河两旁有两颗较大的星星，那就是织女星和牵牛星。人们为了表达对这段美好爱情的向往，把每年的农历七月初七叫作"七夕"，这天也成为了中国特有的"情人节"。其实它也是中国传统的"女儿节"。女子在这一天要向织女"乞巧"，希望自己能够心灵手巧，获得美满的姻缘。

6.出生在立秋的小朋友是狮子座

狮子座出生在 7 月 23 日—8 月 22 日之间，在立秋节气出生的小朋友是狮子座。

在天空中，狮子座位于室女座与巨蟹座之间。

狮子座是一个非常壮观的巨大星座，组成的星星十分明亮。狮子座在春季星空中很容易辨认，它的外形就像百兽之王——一只雄伟的大狮子。

潘川/绘　姐弟同心无难事

处暑

——人间最美处暑秋

从处暑开始，白天很热，但早晨和晚上却变得凉爽了。这时候农作物已经成熟，秋收就要开始了。

处暑天还暑，好似秋老虎。
处暑天不暑，炎热在中午。
处暑满地黄，家家修廪（lǐn）仓。
处暑好晴天，家家摘新棉。

处暑是采摘莲蓬和菱角的好时节，我想起了特别喜欢的一首诗，是唐代诗人白居易的《池上》，我常幻想自己就是那个小娃娃，在湖面上划着小船采莲花。

多多朗诵·处暑

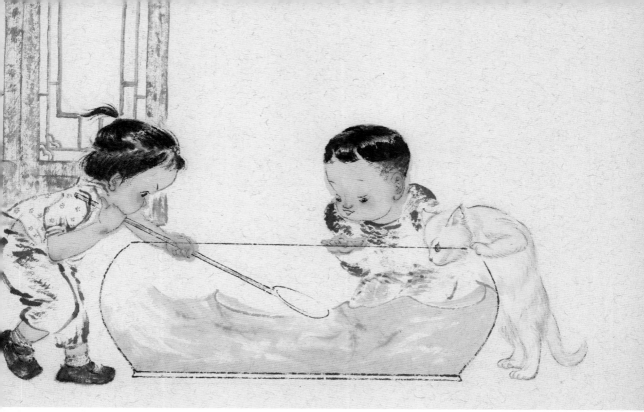

潘川/绘　得鱼之乐

池上

[唐]白居易

小娃撑小艇，偷采白莲回。

不解（jiě）藏（cáng）踪迹，浮萍一道开。

处暑还有好多有意思的活动，比如夜晚在河里放点灯的小船。你知道这是为什么吗？听多爸给我们讲更多精彩的处暑故事吧。

处暑
——袅袅凉风起

1.为什么叫处暑

之前我们讲过小暑和大暑了，这次是处暑，那这三个节气有什么区别呢？"暑"是炎热的意思，小暑是炎热的开始，大暑是一年中最热的时候，那么处暑呢？"处"字有躲藏、终止的意思，处暑的谐音就是"出暑"，是炎热离开的意思。

处暑始于每年的 8 月 22—23 日之间，处暑过后，天气越来越凉爽，这表示大自然即将进入一年中气候最宜人的秋天。

2.处暑的15天内有哪三种物候

一候鹰乃祭鸟：处暑的第一个五天内，老鹰开始大量捕食鸟类，它们捕猎的时候有个奇怪的举动，就是在吃之前，会把抓到的猎物整齐地摆放在地上。老鹰的这种行为，像是农民丰收之后，举行祭祀神明和祖先的仪式，来表达对天地之神的敬畏和对食物的感恩。我们人类也一样，要时刻保持感恩的心。

小麦

二候天地始肃：处暑的第二个五天，天地间的万物开始凋零，这个"肃"字就是萎缩、凋零、衰败的意思。最能生动表现这个现象的词就是"落叶知秋"。秋天万物开始凋零，我们走在路上会看到许多落叶，枯黄的落叶预示着秋天的到来。

三候禾乃登：处暑的第三个五天，各种农作物都成熟了，农民要开始为秋收忙碌起来了。"登"是成熟的意思，比如"五谷丰登"这个词，就是指粮食成熟丰收。民间有句俗语："处暑栽，白露上，再晚跟不上。"还有"处暑萝卜白露菜"，所以在处暑这一天农民伯伯是非常忙碌的，除了要忙着收获还要忙着播种。

3.处暑前后，有中元节、开渔节

相信很多小朋友们都喜欢过节，那你知道处暑节气前后有哪些节日吗？

处暑过后，迎来的第一个节日就是中元节（七月十五）啦。中元节与除夕、清明节、重阳节三节并称中国传统的祭祀大节。在中元节，人们会做一件特别有意思的事情，就是放河灯祭祖。河灯也叫"荷花灯"，一般在底座上放灯盏或蜡烛，中元夜放入江河湖海之中，让它们自由漂流，用来寄托人们对亲人的怀念，表达对幸福、平安的祈求。中元节除了放河灯外，还要用新米等祭祀和供奉祖先。

关于放河灯有一个有趣的故事。古时候，在淮河边住着一户人家，他们在七月十五这天生下一个可爱的女儿，取名仙花。在仙花15岁生日时，她突然不见了。父亲担心女儿回家怕黑、迷路，点了很多莲花灯漂在河上。

第二天天亮，仙花便回家了。原来啊，仙花在河边玩耍，突然被一只水鬼拉到了河里，水底一片漆黑。后来水面上漂来很多盏灯，水鬼看到后很害怕，吓得松开双手，仙花才得以游上岸。

后来，人们为了避免被水鬼拖下水，便形成了在每年七月十五放河灯的习俗。

处暑以后，也是渔业收获的时节。大海给了我们无穷无尽的资源，于是渔民们就创立了开渔节，来表达对大自然馈赠和美好生活的感恩之情。为什么称为"开渔节"呢？"开"就是开始的意思，开渔对应的就是休渔，"休"就是休息、停止的意思。

每年处暑期间，浙江省沿海地区都要举行盛大的开渔仪式，其中最为隆重的就是祭海仪式，人们要敬献礼品，协奏民乐，祭颂大海。除此之外，开渔节上还有各种各样的有意思的活动，比如挂渔灯、地方民间文艺演出等等。如果有机会，爸爸妈妈可以带着小朋友去感受一下开渔节的热闹景象。

4.采菱角

小朋友们，让我们一起猜个谜语：模样似元宝，头尾两边翘，皮脆轻轻咬，肉美好佳肴。这是什么呢？它就是菱角。菱角这种植物主要生长在我国南方，它有青、红、紫三种颜色，通常有两到三个角，也有无角的。它的果肉味道可口，咬开紫里透红的菱角壳，便露出洁白的菱角米，如同金元宝，轻轻一咬，满嘴都是水灵灵、脆生生、甜丝丝的味道，是一道纯天然的秋日美味。

在很多地方，采菱角又被叫作"翻菱角"，这是为什么呢？因为漂浮在水面上的只是菱的叶子，真正的菱角藏在水下的菱盘根部，采摘的人需要一手捞起菱盘，一手从另一个方位采摘。

在夏末秋初的时候，爸爸妈妈可以带小朋友去水乡看看，那时候正是采摘菱角的最佳时节，一道道曲折的小河里，布满了亮油油的菱叶，一阵南风吹过，翻起一波波绿浪，送来阵阵清香。这个画面想想就很惬意，对吧？

5.出生在处暑的小朋友是处女座

处女座出生在 8 月 23 日—9 月 22 日之间，在处暑节气出生的小朋友是处女座。

在希腊神话中，处女座被认为是丰收女神德墨忒尔的女儿珀耳塞福涅。

一天，珀耳塞福涅在采摘鲜花时，被冥王强行带走了。德墨忒尔非常伤心，不顾一切去寻找女儿，顾不上管理人间的谷物，于是种子不再发芽，大地一片荒凉。宙斯看到这个情形，于是命令冥王放了珀耳塞福涅。从此以后，母亲培育的麦穗，也成为珀耳塞福涅的手持之物。

白露
——蒹葭苍苍，白露为霜

俗话说："白露秋风夜，一夜凉一夜。"关于白露的谚语有一个绕口令，提醒大家在这个早晚温差变大的节气，要注意穿衣保暖。

白露不露，长衣长裤。
白露身勿露，着凉易泻肚。

白露也是一个诗情画意的节气，我想起唐代诗人杜甫的诗《月夜忆舍弟》，其中有一句"露从今夜白，月是故乡明"。

《诗经·蒹葭》中是这样描写白露的：

多多朗诵 白露

蒹葭

蒹葭苍苍，白露为霜。

所谓伊人，在水一方。

溯洄从之，道阻且长。

溯游从之，宛在水中央。

潘川/绘　小陀螺不倒翁

白露

——一升露水一升花

1.为什么说白露是最有诗意的节气

白露始于每年的 7 月 7—9 日之间，是一年中的第 15 个节气，太阳到达黄经 165 度。

白露，是一年中最有诗意的节气。

这个时节，暑热渐渐散去，微风徐来，有了一丝秋天的凉意。清晨，你会发现花朵和叶子上有许多玲珑剔透的露珠，这是因为夜晚水汽凝结在上面，这也是"白露"名字的由来。

2.白露的15天内有哪三种物候

一候鸿雁来：白露的第一个五天内，鸿雁会排成"一"字或"人"字形，从渐冷的北方飞到温暖的南方避寒。鸿雁是一种候鸟，脖子很长，是白色的；翅膀很宽阔，是灰黑色的。小朋友们可以抬头在天空中找找，你看到的鸿雁排成了什么字呢？

二候玄鸟归："玄"在中国古代指黑色，玄鸟是中国神话传说中的神鸟，长得很像燕子，而燕子也是黑色，这里的玄鸟指的是燕子。白露的第二个五天内，燕子也开始飞往南方，古人认为燕子喜暖怕寒，本来就是南方的鸟，所以把燕子飞到南方称为"归来"。

三候群鸟养羞："羞"从它真正的意思来看，应该加上一个食字旁，也就是玉盘珍馐的"馐"。馐，是中国古代对美食的代称。"养羞"是什么意思呢？就是储存食物。白露的第三个五天，鸟儿们开始储存过冬的食物。

爬山虎

潘川/绘　有桃不淘

3.从前有个皇帝想借白露的露水成仙

古时候人们认为百草上的秋露，在阳光没有照到前收集起来，可以医治百病，甚至有人认为能助人成仙。

有一位很有名的皇帝汉武帝，他一直相信长生不老的传说。他曾经就想用这个方法来变成神仙，所以专门命人雕琢了一只盘子，用来收集露水，叫作"仙人承露盘"。不过，这些期望成仙的君王们都没有获得长生不老，只有承露盘保留了下来。

4.白露宜吃的食物

白露米酒，小朋友也可以尝一小杯哦！

在南方，白露这一天，每家每户都会酿米酒。酿酒的米可不是有点透明的大米，而是圆滚滚的、雪白的糯米。米酒甜甜的，最适合秋天，还有通经活络的作用。小朋友也可以尝上一小杯哦！

白露茶：要喝茶，秋白露

"春茶苦，夏茶涩；要喝茶，秋白露。""白露茶"采于白露，味道很独特。这个时候茶树的叶子既不像春茶那样鲜嫩，也不像夏茶那样干涩味苦，而是有一种甘醇的清香。不过，6岁以下的小朋友不要喝茶，6岁以上的小朋友可适量喝清淡的茶。

白露的龙眼最好吃

在福建，有"白露必吃龙眼"的说法。据说在白露这一天吃龙眼有大补身体的功效。这个时节的龙眼个头最大，咬开来，晶莹剔透，满口的清甜，所以白露吃龙眼是再好不过了。不过龙眼很甜，吃多了容易上火，小朋友可不要贪吃哦。

5.为什么要选在白露祭祀大禹呢

白露是太湖人祭禹王的日子。禹王，就是传说中治水的大禹。很久以前，洪水经常泛滥，大水淹没了田地，冲毁了房屋。于是，大禹开始疏通河道，挖开水渠，经过十三年不懈的努力，终于把洪水引到大海里，人们又可以种庄稼，开始新生活了。

在治水的十三年里，大禹到处奔走，曾经三次路过自己家门口，可是他认为治水要紧，一次也没有走进家门探望家人。太湖湖畔的渔民把大禹封为"水路菩萨"。所以，千百年来人们每年都会为大禹举办盛大的祭典，祈求他能保佑渔民的平安。

为什么要选在白露祭祀大禹呢？这是因为白露是秋季的第三个节气，这时秋水涨高，鱼虾变肥，很快就是捕捞的季节了。为了湖面风平浪静，太湖两岸的渔民会在白露时节赶往太湖中央的一个小岛，到岛上的禹王庙进香，祈祷神灵的保佑。

茄子

6. 出生在白露的小朋友是处女座

处女座出生在 8 月 23 日—9 月 22 日之间，在白露节气出生的小朋友是处女座。

在天空中，处女座位于狮子座的东面、天秤座的西面。

处女座又叫室女座，是天空中第二大星座，耀眼的角宿室女座 α 使得整个星座格外引人注目。春夏季是观赏室女座的最佳季节，每当太阳落山后不久，它就出现在东方的地平线上，散发出耀眼的光芒。

秋分

——月到中秋分外明

多多朗诵 秋分

秋分来到，天气开始由热转凉，秋风把翠绿的颜色都吹成了金黄色。有这样一首小诗：

秋来了，风萧萧，

把满园的树叶、花草，

吹得零落枯凋（diāo）。

秋来了，风萧萧，

把满地的鸣虫、飞鸟，

吹得唧唧嘈嘈（jì jì cáo cáo）。

啊！秋哪！

青翠的画稿，你是不是看腻了，

要加一点赭（zhě）黄的颜料？

和春分一样，秋分这一天白天和黑夜的时间也是一样长。中秋节随后就到，中秋节又大又圆的月亮总是会让我想起李白的这首诗《古朗月行》：

潘川/绘 暖秋

古朗月行（节选）

[唐]李白

小时不识月，呼作白玉盘。

又疑瑶（yáo）台镜，飞在青云端。

仙人垂两足，桂树何团团。

白兔捣药成，问言与谁餐。

　　我特别爱吃中秋节的月饼，也喜欢嫦娥奔月的故事。让我们一起听多爸给我们讲更多关于中秋节的故事吧。

秋分

——燕将明日去，秋向此时分

1.为什么秋分这一天昼夜平分

在秋分，你有没有注意到一件很有意思的事情：一年24个节气中，有4个"立"，每个季节都有一个：立春、立夏、立秋、立冬，但只有春和秋有"分"：春分和秋分，夏和冬可没有"分"哦！夏和冬只有"至"：夏至和冬至。这是为什么呢？

其实，"立"表示开始的意思，立秋是说："秋天就要开始了啊！"每个季节都有一个这样的开始，所以一年有4个"立"。而"分"是一分为二的意思，是平分、平衡的意思。秋分这天，昼夜平分、寒暑平衡，白天既不长也不短，天气既不冷也不热。秋分是说："我把秋天平分了！我把白天和黑夜平分了！我把冷和热平分了！"一年四季中，只有春和秋能达到这样的平衡，所以有"春分"和"秋分"。

但夏天和冬天就不一样了，与"分"正好相反，它们表现出的是两种极致，要么白天特别长，要么黑夜特别长；要么特别热，要么特别冷。它们既不会昼夜平分，也不会寒暑平衡，所以夏和冬没有"分"，只有"至"——"夏至"和

龙葵

"冬至"，意思是说"最最炎热的夏天到啦"，以及"最最寒冷的冬天到啦"。

为什么秋分会将昼夜平分呢？如果你手里有个地球仪，请你在上面找一找。在地球仪最中间，最胖的肚子上，有一个横着画的大圈，叫赤道。赤道上边，也就是北半球上，有个比赤道小一点的虚线画的圈，叫北回归线。赤道下边，也就是南半球上，也有一个虚线画的圈，叫南回归线。在夏至这一天，太阳直射在北回归线上，然后它就要往南移了。它每天移一点，每天移一点，终于有一天，它直射在赤道上了！这天就是秋分。

人们会发现，太阳直射在赤道上，一天的 24 小时被平均分开，昼夜各 12 小时。秋分这一天过后，夜晚开始慢慢变长，白天渐渐短了。

2.秋分的15天内有哪三种物候

一候雷始收声：秋分的第一个五天内，夏天那种惊天动地的雷就要收起它的声音了。秋分过后，即便是下雨，也很少打雷了。因为雷电只有在炎热的夏季才会出现。夏天温度很高，地面上的水蒸发得比别的季节都快，空气又湿又热。这些湿热的空气黏在一起，变成一团一团的，然后往高空中飘。它们上升得飞快，与旁边的空气和云剧烈地摩擦，这些摩擦会

榛子

积累大量电荷，等电荷积累得足够多了就要放电。云朵之间一放电，我们就会看到闪电，听到打雷声了。秋分之后，天气越来越凉，雷电形成的条件没有了，雷就收了声音。

二候蛰虫坯户：蛰虫，就是蛰居在地下的小虫子；坯户，就是用土封住门口。小虫子们可聪明了，它们能感觉到天气的变化，秋分的第二个五天，小虫子们把自己藏到洞穴里，并且用细细的土将洞口封起来，以防止寒气入侵，让自己暖暖和和地度过秋冬。到了第二年初春的惊蛰，气候变暖惊动了藏在洞穴里的小虫子们，它们就会把洞口的土扒开，一个个爬出来，迎接新的春天。

三候水始涸：秋分的第三个五天，降雨量开始减少，天气干燥，水蒸发得很快，湖泊与河流中的水量渐渐变少，变得干涸了。小朋友你去公园或野外观察一下，看看湖面是不是变低了？河水是不是变少了？

3.古人为什么要在秋分祭月

古有"春祭日，秋祭月"之说，秋分曾是传统的"祭月节"。秋分最隆重的习俗是祭拜月亮。据史书记载，早在周朝的时候，就有春分祭日、夏至祭地、秋分祭月、冬至祭天的习俗。这四次祭祀的场所分别在日坛、地坛、月坛和天坛。

关于中秋拜月有一个好玩的传说故事。很久以前，天上有十个太阳，英勇的后羿射下了九个太阳，深受百姓爱戴，王母赏赐他一粒仙丹。后羿把仙丹交给妻子嫦娥保管，一天，奸诈狡猾的逄蒙趁后羿不在家，逼嫦娥交出仙丹，嫦娥情急之下吃掉仙丹，飞上了月宫。百姓们为了纪念嫦娥，每到八月十五，就会在家中摆上嫦娥爱吃的食品为她祈福。渐渐地，形成了中秋的拜月习俗。

4.中秋赏月——明月几时有，把酒问青天

祭月亮后来又演变出一个更盛大的节日——中秋节。中秋节在农历的八月十五，这一天只要不下雨，就一定会有一轮大大的明月。有一年中秋节，大诗人苏东坡正和朋友们一起享用美食和美酒，他望着明月，想起了远方的弟弟，心潮起伏，因此创作了一首流传千古的词——《水调歌头》，前两句你一定听过了，"明月几时有，把酒问青天"。

说到诗词，大概没有哪一天能比得上中秋节，这是出产诗词最多的一天。人们望着朗朗明月，想到它照耀千年万年，照耀千里万里；想到浩渺的宇宙，想到自己的内心；想到远古，想到未来；想到故乡，想到亲人，于是就产生了成千上万的诗篇！

我们中国人太爱月亮了，又太爱自己的故乡和亲人了。明月在空中的圆满，又被古人赋予亲人团圆的美好，所以中秋节又叫"团圆节"。这个节日被中国人赋予了如此多的寄托，如此多美好的愿望，所以它成为继春节之后，中国最重要的传统节日。

中秋节当然要吃月饼了，蛋黄的、五仁的，小朋友你喜欢吃哪一种呢？月饼最初用来祭奉月神，后来人们把中秋赏月和品尝月饼结合在一起，寓意家人团圆、美满。

中秋节和家人一起赏月，如果仔细观察的话，你会发现月亮里好像有一棵树。相传月亮上的广寒宫前有一棵桂树，长得枝繁叶茂。这棵树的神奇之处在于，每次砍完树，被砍的地方马上合拢。有一个叫吴刚的人犯了错误，仙人为了处罚他，就让他来到月宫，永无休止地砍这棵桂树。这个故事叫作"吴刚伐桂"。

5.秋分宜吃的食物

吃花生

"花生收在秋分后"，秋分过后，花生渐渐成熟。不管是煮花生，还是炒花生，都是吃饭时很开胃的食物。

螃蟹

秋分前后是螃蟹最肥美的时候。清蒸螃蟹，蘸上一点姜醋汁，真是人间美味！

还有红枣、柿子、苹果、葡萄、石榴、栗子，都在秋天纷纷成熟了，太多好吃的了！如果用新上市的红枣、葡萄干、栗子，和今年秋天新收获的稻米一起，熬一锅香喷喷的粥，一定非常美味。

潘川/绘　天渐寒

6.出生在秋分的小朋友是天秤座

天秤座出生在 9 月 23 日—10 月 23 日之间，在秋分节气出生的小朋友是天秤座。

在古希腊神话中，天秤座源于正义女神。

相传，神与人类共同居住在地球上，后来人类学会了钩心斗角，甚至发动战争。众神纷纷失望离开，唯有正义女神坚信，人类终有一天会恢复善良纯真的本性。

海神嘲笑正义女神竟然相信愚蠢的人类，于是两人展开了激辩，找到宙斯来评判。宙斯左右为难，想到让海神和正义女神比试本领来决定胜负。

海神挥舞他的棒子，墙的裂缝中瞬间出现甘美的水。而正义女神化作了一棵树，树干是红褐色的，拥有苍翠的绿叶和金色的橄榄。海神输得心服口服，因为不管谁看到这棵树，都会感受到爱与和平。

寒露
——秋露沾青草

多多朗诵 寒露

到了寒露，天气开始从凉爽变得寒冷，地上的草叶上都凝结出露水，冬天的脚步越来越近了。有这样一首小诗，写的就是寒露时节晶莹的露水。

秋露沾青草，点点圆而小；

一颗又一颗，闪闪晶光耀。

哥哥弟弟起身早，走来看见了（liǎo），

弟弟说："哥哥，你可知道？

这是小人国里，小人吹的胰（yí）子泡。"

哥哥笑着说：

"不！昨夜月亮姑娘哭了，

泪珠儿，草上抛，

要等太阳哥儿出来，

替她整个儿擦掉。"

寒露过后，北方地区便迎来玉米丰收和种植小麦的农忙时节，也迎来了秋季蔬菜生长的黄金时期，所以有农谚这样说：

潘川/绘　小院午后童谣声

寒露时节人人忙，种麦、摘花、打豆场。

上午忙麦茬（chá），下午摘棉花。

秋分早，霜降迟，寒露种麦正当时。

小麦点在寒露口，点一碗，收三斗。

寒露不摘烟，霜打甭怨天。

寒露不刨葱，必定心里空。

寒露时节秋高气爽，菊花开放，重阳佳节也要到了。

寒露

——采菊东篱下，悠然见南山

1.寒露与白露有什么区别

寒露是秋季的第五个节气，光听这个名字，是不是就感到有点冷飕飕的？这就对啦，寒露就是这样一个节气。

在前文中我们讲过"白露"，你知道寒露和白露有什么区别吗？

白露时，天气刚刚由炎热转凉，早晚出门会感到非常舒适凉爽，但暑气还没有完全消尽。如果起一个大早，向郊外的田野里走走，就会看到细细的草叶上凝结着晶莹闪亮的白色露珠；等太阳一出来，天很快就热起来，露珠也马上消失了，这就是白露。

寒露时节，气温更低，跟白露时刚刚出现的露珠相比，这时候的露水更多，停留的时间更长，并且很快就凝结成霜了。"寒露寒露，遍地冷露"，小朋友不妨感受一下，古人用一个"寒"字来表达对这个节气的感受，是不是很准确啊！

在寒露这个节气，气温迅速下降，古人用很多谚语提醒我们关注季节的变换。比如"寒露过三朝（zhāo），过水要寻桥"，说的是天气变凉了，可不能像以前那样赤着脚蹚水过河或下田了。还有"寒露脚不露"，意思是寒露节气一过，就要注重双脚的保暖，不能再穿凉鞋了。

2.寒露的15天内有哪三种物候

一候鸿雁来宾：每年到了秋天，鸿雁就要开始迁徙了，它们飞向高远的青天，从北方飞到南方去过冬。古人认为，先至为主，后到的为宾，晚到的大雁如同宾客。"鸿雁来宾"意思是说，寒露的第一个五天内，天气已经很凉了，连飞得晚的那拨鸿雁都已经开始迁徙了。

山桐子

二候雀入大水为蛤（gé）：寒露的第二个五天，鸟雀都不见了，而大海边突然出现很多蛤蜊。蛤蜊的大小跟鸟儿差不多，贝壳上的条纹、颜色跟鸟儿的毛色也很相似，古人奇思妙想，以为鸟雀到了寒露就飞到大海里，变成了蛤蜊。其实我们知道，鸟雀变少是因为天气转凉，它们躲起来过冬了，蛤蜊可绝对不是由鸟儿变来的。

三候菊有黄华：寒露的第三个五天，百花凋零，唯有菊花傲然挺立，绽放金灿灿的花朵，成为秋天最美的一道风景。诗人元稹说出了他偏爱菊花的理由，"不是花中偏爱菊，此花开尽更无花"。最喜欢菊花的是陶渊明，他归隐后在房前屋后种满了菊花，过上了"采菊东篱下，悠然见南山"的生活。

寒露之后，有一个传统佳节叫重阳节。在这个节日，古人会登高望远、赏菊花、摘菊花，有人还会把菊花戴在头上。

3.重阳节，登高避疫

关于重阳节的来历有个传说。东汉时期，汝河有个瘟魔，只要它一出现，家家有人病倒，天天有人丧命，这一带的百姓受尽了瘟魔的折磨。有个人叫恒景，他的父母也死于瘟疫，自己也差点儿丧了命。恒景病愈后辞别了家人和乡亲，决心访仙学艺，为民除掉瘟魔。

恒景遍访名山高士，终于打听到有一个法力无边的仙长。在仙鹤指引下，仙长终于收留了恒景，教他降妖剑术，还赠予他一把降妖剑。恒景废寝忘食苦练，终于练就一身武艺。这天仙长把恒景叫到跟前说："明天九月初九，瘟魔又要出来作恶,你已经学成本领,该回去为民除害了。"仙长送了恒景一包茱萸(zhū yú)叶、一壶菊花酒,并且教他避邪用法,让恒景骑着仙鹤赶回家。

恒景回到家乡,在初九的早晨,他按仙长的叮嘱把乡亲们领到附近的一座山上,然后发给每人一片茱萸叶、一盅菊花酒。中午时分,随着几声怪叫,瘟魔冲出汝河,刚扑到山下,突然飘来阵阵茱萸奇香和菊花酒气。瘟魔脸色突变,正要逃时,恒景手持降妖剑追下山来,几个回合就把瘟魔刺死了。从此,九月初九登高避疫的习俗年复一年流传下来。

4.重阳节又叫敬老节

为什么叫作"重阳节"呢?重阳节在每年农历的九月九日,古人认为九是非常尊贵的数字,又把九定为阳数,两个九叠加,所以叫"重阳节"。重阳节这一天,全家人要一起登高。登高有步步高升、高寿以及躲避灾祸的吉祥寓意。重阳节还有在身上佩戴茱萸的习俗,小朋友可能会想起王维的那句诗:"遥知兄弟登高处,遍插茱萸少一人。"茱萸是一种有香气的植物,可以杀虫消毒、逐寒祛风。

小朋友你们知道吗,"九九"谐音"久久",有长寿、长久的意思,所以重阳节慢慢演变成为"敬老节",也就是用最好的食物祭祀祖先,敬献长者,祈求长寿。敬老爱老是我们中华民族的优良传统,小朋友们可要牢牢记在心里。不仅在重阳节这天要尊敬老人,礼让长辈,平时的生活中也要时常提醒自己哦。

潘川/绘　柿柿如意

5.寒露宜吃的食物

重阳节还有很多有意思的风俗，比如吃重阳糕、饮菊花酒，还有吃莲藕、石榴和梨子。这几样东西都是秋天新收获的应季食物，而且滋阴润肺，最适合风干物燥的秋天。

莲藕是秋天我最喜欢的食物，无论是炖得软软的，还是炒得脆脆的，都很好吃。你知道吗，挖莲藕可不容易了！得先把藕田的水排空，然后在一米多深的冰凉的淤泥里把藕一段一段挖出来，然后洗干净，才是白白胖胖的莲藕了。

在北方，玉米、花生和大豆都到了收获的季节，棉花也结出硕大的棉桃，等着人们去采摘，农民伯伯这时候会非常忙碌。

6.出生在寒露的小朋友是天秤座

天秤座出生在 9 月 23 日—10 月 23 日之间，在寒露节气出生的小朋友是天秤座。

在天空中，天秤座位于处女座的东面、天蝎座的西面。

天秤座是邻座正义女神（处女座）手里拿的秤，用来称量人世间善恶。天秤座在天空中不太惹人注目，它由四颗星星组成一个小四边形，其中有一颗带绿色光芒的星星，这是非常少见的。

霜 降

——霜叶红于二月花

多多朗诵 霜降

秋天的最后一个节气来了，叫作霜降。天气越来越冷，露水在夜晚结成白色的冰晶，早上起来，在窗户上结出了美丽的窗花，这就是霜。唐代诗人张继有一首诗叫作《枫桥夜泊》，写的就是秋天的霜。

枫桥夜泊

[唐] 张继

月落乌啼霜满天，江枫渔火对愁眠。

姑苏城外寒山寺，夜半钟声到客船。

霜降之后枫叶就红了，在唐代诗人杜牧的一首诗《山行》中，漫山遍野的枫叶比江南二月的春花还要漂亮。

山行

[唐]杜牧

远上寒山石径斜（xiá），白云生处有人家。
停车坐爱枫林晚，霜叶红于二月花。

潘川/绘　福禄平安图

霜降

——一朝秋暮露成霜

1.霜会降在哪儿呢

霜降始于每年的 10 月 23—24 日之间，这时候秋天到了末尾，草木凋零，霜就要来了。

霜会降在哪儿呢？你可以出门仔细观察一下。清晨，如果你到郊外的田野去，可以看到大地已经盖上了一片白霜，天地之间一片肃静，有一种简洁和庄严的美。

如果在屋子里，你能看到窗户上结了一层薄薄的白霜，有各种各样的形状，像花一样，我们把它称为霜窗花。

霜其实是由空气中的水汽形成的。古人观察了水汽在秋天的三重变化，给三个节气分别起了名。水汽刚刚形成露珠的时候是"白露"；水汽变冷，露珠越来越多的时候是"寒露"；水汽凝结成霜是"霜降"。

为什么天冷的时候，水汽会凝结成霜呢？原来啊，有一些东西，在天冷的时候比空气更冷，比如大地、玻璃、金属等。它们和附近的空气接触，空气就会被冷却；如果这些物体表面的温度在 0℃ 以下，空气中的水汽就会在其表面上凝结成小冰晶，这就是霜。所以，你很容易在大地上、窗户上看到霜。还有一个地方更容易观察到霜，就是小区里的健身器材上。早起去看看，有没有霜呢？去的时候一定要穿厚一点，天已经很冷了哦。

霜的出现，说明夜间天气晴朗并且寒冷，而风又比较小，第二天会是个好天气。谚语说"霜重（zhòng）见晴天"，意思就是如果早上看到霜，预兆着今天将是个好天气。

苞棣

2.霜降后的15天内有哪三种物候

一候豺乃祭兽：豺是一种凶猛的野兽，长得很像狼，人们把它俩放在一起，统称"豺狼"。霜降的第一个五天内，豺开始大量捕获猎物，储存起来准备过冬，并且还把猎物整齐地排列在大地上，看起来像是祭祀，感谢老天赐给它食物。

二候草木黄落：霜降的第二个五天，西风漫卷，吹落了树叶，吹枯了秋草。在所有写秋天落叶的诗里，多爸最喜欢的就是杜甫的《登高》。

登高

[唐]登高

风急天高猿啸哀，渚清沙白鸟飞回。

无边落木萧萧下，不尽长江滚滚来。

万里悲秋常作客，百年多病独登台。

艰难苦恨繁霜鬓，潦倒新停浊酒杯。

三候蜇虫咸俯："咸俯"就是全都伏下来冬眠了。霜降的第三个五天，就连小虫子也能感到秋天的气氛，它们都伏在地下不动了。秋分的一个物候是"蛰虫坏户"，那时候小虫子开始为自己修筑洞穴了；而"蜇虫咸俯"是说地面上已经看不见小虫子的踪迹，它们都躲在洞中一动不动，也不吃东西，昏沉沉地进入冬眠状态。此时的大自然，开启了一种寂静模式。万物都在为漫长的冬天而做准备，万物都在寂静与休眠中，期待来年的新生。

3.为什么霜降过后，树叶会变红呢

　　霜降过后，枫树等一些树木，经历了秋霜，叶子慢慢变成红色，漫山遍野，像朝霞，像火焰，非常壮观。这个时候要抓紧去看，因为不久就会刮起大北风来，美丽的红叶就要被吹落了。喜欢做手工的小朋友，可以收集一些枫叶。

　　好奇的小朋友可能会问，为什么霜降过后，树叶会变红呢？这是因为天气变冷后，植物吸收的水分减少，加上光照时间缩短，叶绿素的合成受到阻碍，其他花色素就有了展现的机会，叶子就会慢慢变成黄色或红色。

4.霜降宜吃的食物

柿子

　　这个柿子可不是西红柿那个柿子，而是高高的树上结的火红的柿子，就像一个个红灯笼。这个时节的柿子没有涩味，口感最佳，被霜打的柿子更红更甜了。柿子滋味甜美、营养丰富，可以御寒保暖，还能补筋骨，是很好的水果。不过呢，柿子不能空腹吃，也不能与螃蟹同吃，小朋友记住了吗？

鸭子

　　还有一种好吃的，特别推荐在霜降吃的食物，那就是鸭子。鸭子炖着吃好吃，烤鸭更好吃！为什么要吃鸭子呢？有一句谚语，叫作"一年补透透，不如补霜降"，意思是霜降是一年中最应该进补的节气。鸭肉是非常好的蛋白质来源，而且鸭肉是温补的，适合干燥易上火的深秋季节食用。

5.出生在霜降的小朋友是天蝎座

天蝎座出生在 10 月 24 日—11 月 22 日之间，在霜降节气出生的小朋友是天蝎座。

在希腊神话中，天蝎座源于一只阻止法厄同任性行为的蝎子。

法厄同是太阳神赫利俄斯的儿子，他天生容貌英俊，自负傲慢。一天，有人告诉他："你并非太阳神的儿子。"骄傲的法厄同便去问母亲，虽然母亲再三保证，但他仍然不相信，十分气恼。于是，他找太阳神寻求答案。

太阳神笑着说："你当然是我的儿子啦。"赫利俄斯从不说谎，法厄同知道这一点，可是为了证明自己是太阳神之子，他不顾他人劝阻，驾着父亲的太阳车在天空狂奔。一时间，地上的人和动物不是被热死就是被冻死，人间处于水深火热之中。众神为阻止法厄同，放出一只蝎子咬住他的脚踝，人间又恢复了宁静。这只蝎子就是天蝎座的来源。

潘川/绘　岁岁平安福满堂

冬季

绝爱初冬

万瓦霜

　　冬天的三个月有六个节气：立冬、小雪、大雪、冬至、小寒、大寒。

　　冬天是一个"藏"的季节，天寒地冻，万物都躲藏起来，这叫"猫冬"。

　　冬天，大部分树叶都凋零了，只有松柏依旧青翠。冬天最忌讳的就是暴露自己的皮肤，要避免寒冷。如果你不是"松柏"，就把自己裹得严实一些吧！

　　很多南方人羡慕北方的冬天会下雪，俗话说："瑞雪兆丰年。"雪能冻死害虫，还能为庄稼补水。

　　从立冬开始，就要早卧晚起，这样到了春天才会更有活力。

立冬
——今宵寒较昨宵多

　　立冬，代表着冬天来了，河水和大地开始冻结，北风将树叶一扫而光。明代诗人王稚登的《立冬》，写的就是秋去冬来、树叶落尽的景象。

立冬

[明] 王稚登

秋风吹尽旧庭柯，黄叶丹枫客里过。

一点禅灯半轮月，今宵寒较昨宵多。

多多朗诵 立冬

潘川/绘　跷跷板

　　"今冬麦盖三层被，来年枕着馒头睡。"立冬时节，是农
业生产秋收冬种的好时候，有农谚这样说：

　　立冬无见霜，春来冻死秧。
　　立冬落雨会烂冬，吃得柴尽米粮空。
　　重阳无雨看立冬，立冬无雨一冬干。
　　立冬小雪紧相连，冬前整地最当先。

立冬
——冬始万物收藏

1.立冬，万物收藏

立冬始于每年的 11 月 7—8 日之间。古人对于立冬是这样说的："冬，终也，万物收藏也。"意思是说在立冬的时候，人们要把秋季丰收的农作物收藏入库，动物们也要躲藏起来准备冬眠。所以，立冬不仅代表着冬天来了，天气冷了，还意味着世间的万物都要在这个时节躲避寒冷，准备过冬。

2.为什么有的动物会冬眠

你知道为什么有的动物要在洞里睡上一整个冬天吗？原来啊，像蛇和青蛙这样的动物叫作变温动物，它们的体温会随着外界温度的变化而变化，所以在冬天，它们的体温会下降到不能活动的状态，就像睡着了一样。

而像小刺猬这样的动物，叫作恒温动物，它们的体温不会随着天气的变化而改变。但在冬天里它们很难找到足够的食物来维持自己的体温，所以立冬以后，它们就会把身子蜷缩在自己的洞穴里，不吃也不动，甚至不怎么呼吸，这样能

附子

把身体的能量消耗降到最低。这些动物们就这样睡上一整个冬天，等到了第二年开春，它们才会苏醒过来。

3.立冬的15天内有哪三种物候

一候水始冰：立冬的第一个五天内，气温降到0℃以下时，河水就会冻结成冰了。

二候地始冻：立冬的第二个五天，土地也开始冻结了，要等到立春才会"东风解冻"。

三候雉入大水为蜃（shèn）："雉"指的是野鸡，而"蜃"指的是蛤蜊。立冬的第三个五天，野鸡就不多见了，在海边却可以看到很多与野鸡的线条和颜色特别相似的大蛤蜊。

4.江南天气好，可怜冬景似春华

立冬过后，日照的时间继续缩短，正午太阳的高度也会继续降低。你会发现，白天变得越来越短了。

我国南北温差很大，立冬后我国北方寒气逼人，繁霜霏霏；而南方10月的气候仍然温暖舒适。

北方地区的大地开始封冻，变得硬邦邦的。而南方正是秋收冬种的好时节，人们会抓紧时机抢种冬小麦。

5.孟姜女哭长城的故事

立冬意味着要进入寒冷的冬季了，要穿暖和的寒衣了，有一则故事就是关于送寒衣的。

相传，为了修建长城，秦始皇抓了很多百姓当苦力，孟姜女的丈夫也在其中。到了冬天，孟姜女缝制了寒衣，不畏艰辛送到长城。结果却发现，丈夫早已劳累而死。孟姜女悲痛万分，趴在长城上痛哭不止，这段长城因此坍塌。

潘川/绘 打水漂

6.立冬，宜祭祖祭天

立冬和立春、立夏、立秋一起被称为"四立"，在古代是一个非常重要的节日。古代的皇帝在立冬前后几天会非常忙碌：负责记录朝廷大事的官员太史公，需要提前三天告诉皇帝立冬的日期，皇帝要在这三天里沐浴斋戒；立冬当天，皇帝会率领文武百官，到郊区举行隆重的"迎冬"仪式；活动结束后，皇帝会赏赐给大臣们一些过冬的衣物，并且对为国捐躯的烈士们进行表彰，还要鼓励广大的民众抵御外敌的掠夺和侵袭。

不仅皇帝要在立冬这一天祭祀，百姓也会在立冬这天举行祭祖祭天的活动。即便是再忙碌的农民，也要在立冬这天待在家休息，杀鸡宰羊，准备祭祀用的祭品。

7.立冬补冬

俗话说："立冬补冬，补嘴空。"意思是说，立冬以后天气会变得越来越寒冷，所以人们要吃点营养又美味的食物补养身体。

立冬吃饺子

"立冬不端饺子碗，冻掉耳朵没人管。"北方人会在立冬这一天吃饺子，他们认为立冬吃了饺子，冬天耳朵就不会受冻了。

在我国的南方，立冬的时候人们爱吃鸡鸭鱼肉这些大补的肉类食品。在沿海的城市，到了立冬人们喜欢吃火锅，还要特别加入海带、紫菜、菠菜、大白菜等富含碘元素的蔬菜，以抗冷御寒。

甘蔗

在南方有一种说法——"立冬食蔗齿不痛"，意思是说，在立冬的时候吃甘蔗不会上火，既可以保护牙齿，还可以补充营养。甘蔗富含糖分，小朋友不要吃太多哦。

羊肉

在寒冷的冬天，人体的阳气会潜藏于体内，容易出现手脚冰凉、气血循环不畅的现象。羊肉，刚好是特别大补的一种肉类，有助于祛除体内的寒气。在寒冬里吃过羊肉后，冰凉的身体就会立刻温暖起来！

姜母鸭

姜母鸭是一道非常有名的传统佳肴，它既能补血又能补气，鸭肉是特别适合在冬天吃的食物。

白萝卜

"冬吃萝卜夏吃姜，不用医生开药方。"冬天吃点白萝卜能滋润肺部，还能保护小朋友少生病。

8.出生在立冬的小朋友是天蝎座

天蝎座出生在 10 月 24 日—11 月 22 日之间，在立冬节气出生的小朋友是天蝎座。

在天空中，天蝎座位于天秤座和人马座之间。

天蝎座是一个大且重要的星座。天蝎座的形状很像一只大蝎子，高举着两个钳子，跷起带刺的尾巴。由于其中有一颗血红色的亮星，俗称"大火星"，因此天蝎座在天空中很容易辨认。

小雪

—— 晚来天欲雪

多多朗诵 小雪

　　小雪来到，我们将迎来漫天飞舞的雪花。雪到底是什么味道？有这样一首小诗：

　　雪花飞，飞满天。
　　哥哥说它好像糖，
　　弟弟说它好像盐。
　　小妹妹，尝了尝，
　　不甜也不咸。

在雪天，和小伙伴坐在一起，暖暖和和地烤着火，轻轻松松地聊聊天，真是很惬意啊。我想起了唐代诗人白居易的一首诗《问刘十九》：

问刘十九

[唐] 白居易

绿蚁新醅酒，红泥小火炉。
晚来天欲雪，能饮一杯无？

潘川/绘　一夜冬雪裹银装

小雪

——瑞雪兆丰年

1.小雪就像小米粒一样

　　小雪始于每年的 11 月 22—23 日之间。小雪时节，天气会变得寒冷，小朋友们期盼的雪花也会降临。不过这时候的雪花不会很大，就像小米粒一样，落地以后很快会融化。因此这个节气就叫作"小雪"。是不是很形象呢?

　　所以，小雪实际上代表的是降雪开始的时间和大小程度，它就和我们之前讲过的雨水、谷雨等节气一样，是一个直接反映降水的节气。

2.小雪的15天内有哪三种物候

　　一候虹藏不见：小雪的第一个五天内，下雨的情况会变少，所以雨后彩虹的美景也就看不到了。

　　二候天气上腾地气下降：小雪的第二个五天，天空中的阳气上升，大地下面的阴气下降，导致了阴和阳之间不再交流，天地之间就变得不通畅，万物都失去了生机，天地也都闭塞起来。

三候闭塞而成冬：小雪的第三个五天，天地闭塞，大自然真正进入了寒冬，万物几乎都停止了生长。

在北方地区，小雪以后通常会下冬天的第一场雪，气温会逐渐降到 0℃ 以下；而在南方，因为温度总体比北方要高，所以要到小雪节气以后，很多地区才开始进入冬天，下雪的机会也很小。

核桃

潘川/绘　下雪喽

3.为什么人们都盼望小雪下点雪

　　小雪这个节气下的雪很小，雪量也较少。但你可不要小瞧了它，对于农业来说，小雪时的降雪对土地和农作物是非常有帮助的。有句谚语是这样说的："小雪雪满天，来年必丰年。"这句谚语有两层含义：一是说小雪的时候下雪，来年的雨水会很均匀，不会有太大的旱灾或者水灾发生；二是下雪可以冻死一些病菌和害虫，这样来年种植的农作物就不会闹虫灾了，农民会有一个丰收的好年。还有一句谚语是"小雪不怕小，扫到田里都是宝"，更直接说明降雪对农业生产的好处了。

4.树木也要暖暖和和地过冬

　　人要过冬，树木也要过冬。北方地区在小雪过后，就要开始为果树做好防冻措施了。果农们会给光秃秃的果树绑上一圈又一圈的草绳，就像给树木穿上了防寒服。为什么要缠上草绳呢？一方面可以给树木保温，另一方面还可以为来年春天的除虫提供方便。因为麻绳里会让虫子们感觉到松软和暖和，从而在麻绳里结蛹过冬，这样在来年春天虫子重新开始活动之前，把麻绳剥下来直接烧掉就可以除去害虫。

柏树

　　还有一些树木，比如杨树和柳树，你一定见过它们的树干在冬天被涂成了白色。这又是为什么呢？原来啊，这些白色的涂料是石灰水。石灰水可以直接杀死寄生在树干上的真菌、细菌和害虫，而且由于石灰是白色的，会把大部分的阳光反射掉，这样就减少了白天到夜晚树干的巨大温差，树木也就不容易被冻坏了。

5.小雪宜吃的食物

腌白菜

俗话说："小雪腌菜，大雪腌肉。"腌制是利用盐来保存食物的一种方法，盐可以防止有害微生物的生长，让食物保存得更久。由于冬天能够吃到的蔬菜少，所以小雪时节一到，家家户户就会开始为冬天制作容易储藏的腌菜，比如腌白菜、腌萝卜等等。腌菜中的营养不如蔬菜，所以小朋友还是要尽量多吃新鲜蔬菜哦。

腊肉

把新鲜的猪羊肉放到大缸里，再放上一定比例的食盐、花椒、八角、桂皮、丁香等香料，然后封住大缸口。一两个星期后，把肉取出来用绳子挂起来晒干。再用柏树枝、甘蔗皮或者柴草点燃后冒出的烟，慢慢把它们熏干。这样美味的腊肉就做成了。等到了春节，将腊肉和蒜薹一起炒，或者蒸着吃，夹在馒头里，又或者和笋、香干一起炖汤，味道真是太鲜美了！

黏黏糯糯的糍粑

在南方的一些地方，有小雪吃糍粑的习俗。糍粑是将糯米蒸熟以后捣烂，再捏成团状，然后蘸上芝麻、花生、沙糖放进油锅中一炸，外脆内黏的金黄糍粑就做好了。

6.出生在小雪的小朋友是射手座

射手座出生在 11 月 23 日—12 月 21 日之间，在小雪节气出生的小朋友是射手座。

在希腊神话中，射手座源于英雄喀戎。

在古希腊的草原上，有一个凶猛的族群——人马族，他们拥有一半马的身体和一半人的身体。人马族中的喀戎生性善良，在族群里十分受人尊敬。一天，伟大的英雄赫拉克勒斯来拜访喀戎。赫拉克勒斯为了喝到人马族香醇的美酒，与人马族发生争斗。

喀戎为了化解争斗，奋不顾身前去阻拦。没想到，赫拉克勒斯的箭已经飞了出去，不幸射中了喀戎，他的身体瞬间化作无数颗闪耀的星星，聚集在天空中，变成人马的形状，仍不失其英雄本色。为了纪念善良的喀戎，人们把这个星座称为人马座，也叫作"射手座"。

大雪
——梅须逊雪三分白

多多朗诵 大雪

大雪来到，积雪覆盖大地，天地茫茫。雪带来丰收的希望，也带来了纯真的欢乐。

一夜北风起，
白雪铺满地。
小狗看见真稀奇，
大家来到雪地里，
赛跑打滚真欢喜。
可怜许多小麻雀，
跳到东，跳到西，
找不到一粒谷，
也找不到一粒米，
喳喳喳喳叫肚饥。

诗人都喜欢写雪和梅花，梅花在雪中盛开更表现出了高尚的品格。在宋代诗人卢梅坡的《雪梅》中，梅花和雪花都认为自己装点了春光，谁也不让谁。

潘川/绘　轻舞飞扬

雪梅

［宋］卢梅坡

梅雪争春未肯降（xiáng），骚人阁笔费评章，

梅须逊雪三分白，雪却输梅一段香。

大雪

——千里冰封，万里雪飘

1.忽如一夜春风来，千树万树梨花开

大雪始于每年的 12 月 6—8 日之间，这个时候我国大部分地区的最低温度都降到了 0℃以下。小雪时，雪花很小，不会形成积雪；而到了大雪，雪花纷纷扬扬，铺天盖地，早晨醒来就会发现大地已是银装素裹。

雨水我们每年能见到几次，而雪花在一年中难得见上几次。你眼中的雪花是什么样的？是小雪粒像盐一样，还是一片片的，或是像鹅毛一样纷纷扬扬？其实，雪花有超过 200 多种形状，雪花下降时温度、气流等都会影响雪花的形态。

俗话说："下雪不冷化雪冷。"小朋友你知道这是为什么吗？这是因为降雪的过程中会释放出热量，空气的温度升高，人就不会感觉那么冷；而雪在融化的时候会从空气中吸收热量，人就会感到寒冷。所以，化雪的时候小朋友要根据天气，适当增加衣物哦。

大雪时节，天气突然变得十分寒冷。这个时候小朋友们要注意保暖，以防感冒。

柑橘

2.瑞雪兆丰年

　　民间有一句俗语"瑞雪兆丰年，无雪要遭殃"，冬雪的到来预示着第二年是丰收之年。大雪时节雪花飘落，田地上就像盖上了一床大棉被，地里热量不容易散发，这样一来农作物就不会被冻坏。雪水融化渗透到泥土里，大部分虫卵会被冻死，第二年的害虫就会减少。同时积雪融化时，增加了土壤中的水分含量，雪水中的成分更容易被农作物吸收，所以还有一句俗语是"今冬麦盖三层被，来年枕着馒头睡"，说的就是下大雪更有利于农作物生长。

3.大雪的15天内有哪三种物候

　　一候鹖鴠不鸣： 鹖鴠代表寒号鸟，大雪的第一个五天内，连寒号鸟也停止了鸣叫。寒号鸟非常懒惰，并且爱啼叫，但它不爱筑巢，栖息于大山的岩洞或裂缝中。当冷得打哆嗦时，寒号鸟就会发出哀鸣声。

虽然称为寒号鸟，但其实它并不是鸟类，而是鼯鼠，它的腋下有宽宽的飞膜，展开后就像降落伞，能够快速滑动，但它没有翅膀，根本飞不起来。到了大雪节气，再也听不到寒号鸟的歌声，这是因为它像多数动物一样已经进入冬眠或找到合适的地方过冬了。

鹝鸥不鸣的景象让我想起了唐代诗人柳宗元的《江雪》，这首诗描述了大雪节气寂静的景象。

江雪

[唐] 柳宗元

千山鸟飞绝，万径人踪灭。
孤舟蓑笠翁，独钓寒江雪。

这首诗的意思是，许多山上都见不到飞鸟了，道路上也看不见一个人。只有一位戴着斗笠的老爷爷划着小船，独自在大雪天里钓鱼。这首诗生动地描绘了冬天冰天雪地的景象，将大雪的寂静和冷清生动地展现在我们面前。

二候虎始交：大雪的第二个五天，威风凛凛的老虎开始寻找伴侣，建立家庭，大雪节气正是老虎求偶交配的时期。老虎求偶，是这个寒冷季节里最温馨的一件事。生命的孕育与延续，体现了大自然和谐美好的一面。

三候荔挺出："荔"指的是一种野草，也称为马兰花，大雪的第三个五天，万物沉寂，荔草却抽出新芽。"马兰花，马兰花，风吹雨打都不怕"，说的就是荔草。在万物凋谢的寒冬，荔草顽强的生命力让人感动。

4.卧冰求鲤的故事

古时候有一个人叫王祥，在他十九岁时母亲就去世了。父亲又娶了一位妻子，但继母并不喜欢王祥，总是找他的麻烦。父亲慢慢地受到继母的影响，对王祥的看法也渐渐改变，但王祥仍像以前一样孝顺他们。

一个冬天的早晨，继母生病卧床不起，她提出想吃活鱼，

潘川/绘　拉冰车

就对王祥说:"你去钓一两条活鲤鱼回来,我很想吃。"王祥很听话,拿了钓竿就出去了。可是,他走到平时钓鱼的地方,却发现整条河全结冰了。这可怎么办?他苦思了很久,忽然想道:"也许我的体温能使冰块融化,那样就可以钓到鱼了。"于是他脱下厚实的衣服,光着上身,躺在冰上。奇迹突然出现,王祥躺的地方,居然破了一个洞口,从洞口跳出了两尾鲤鱼。他的孝心举动在村子里被传为佳话,父亲和继母从此也对他慈爱有加。

5.滑冰、堆雪人,小伙伴们玩起来

到了大雪节气,河里的水都冻住了,结冰的河流表面亮晶晶的,是冬天里一道美丽的风景线。有时大家会去冰上玩耍,滑冰也逐渐变成了大雪节气的日常活动。在这里我要提醒小朋友们,滑冰时需要家长陪同,一定要注意安全。

小朋友你喜不喜欢下雪天呢?等到地上积了一层厚厚的雪,你就可以堆雪人、打雪仗啦。你会给雪人安个什么鼻子呢?有一首关于雪人的童谣是这么说的:

堆呀堆,堆雪人,圆圆脸儿胖墩墩。

大雪人,真神气,站在院里笑眯眯。

不怕冷,不怕冻,我们一起做游戏。

虽然冬天没有盛开的花朵、翠绿的小草,但是有洁白无瑕的雪花包围着我们,美化着大地。小朋友们,可以牵着爸爸妈妈的手，一起走向那美丽的冰雪天地，感受冬天不一样的世界。

6.大雪宜吃的食物

烤红薯

屋外飞舞着雪花，在暖暖的屋里吃一个热气腾腾的烤红薯，又香又甜。红薯可以蒸着吃或煮粥，都非常美味。红薯还含有丰富的维生素，能润肠通便，对小朋友的身体非常好。

冰糖葫芦

糖葫芦看起来就很好吃，味道酸酸甜甜的。其实，冰糖葫芦做起来也很简单。将山楂去核，用竹签穿起来，锅中放入等量的冰糖和水一起熬成糖浆，将山楂串放在糖浆中转一圈，取出放在案板上，从上到下拉一下，放凉后就可以吃了。

7.出生在大雪的小朋友是射手座

射手座出生在 11 月 23 日—12 月 21 日之间，在大雪节气出生的小朋友是射手座。

在天空中，射手座位于天蝎座东、摩羯座西、天鹰座南。

射手座由几十颗星星组成一个半人半马的弓箭手形象。夏夜，沿着天鹰座的牛郎星向南就可以找到它。

人马座的利箭指向银河的中流，这是人马座最闪耀的部分。因为银河系的正中心就在人马座范围内，所以这部分银河是最宽最亮的。

冬至
——天数九，日渐长

　　冬至这一天，北半球的白天最短、黑夜最长，之后白天开始慢慢变长了，天气进入到最寒冷的时候。有一首小诗是这样描写冬至的：

　　　　冬老人，年纪老，
　　　　他带着冷的风，呼呼地跑，
　　　　他不爱花和叶，也不爱虫和草。
　　　　他说："我来了，我来了，
　　　　你们快去睡觉！"
　　　　花和叶，虫和草，
　　　　看见他来，就都睡了。

多多朗诵 冬至

潘川/绘　青梅竹马

在夏至节气的时候，有《夏九九歌》，冬至时也有《冬
九九歌》：

一九二九不出手，

三九四九河上走，

五九六九沿河望柳，

七九开河，八九雁来，

九九又一九，耕牛遍地走。

冬至

——白日最短，思念最长

1.吃了冬至饭，一天长一线

冬至始于每年 12 月 21—23 日之间。对于居住在北半球的我们来说，冬至是一年中白天最短、夜晚最长的一天。俗话说"吃了冬至饭，一天长一线"，就是说冬至之后，白天的时间越来越长，到来年的夏至达到顶点。

古代人是如何发现冬至的呢？是通过测量影子长度的方法来确定冬至的时间，冬至这一天的正午影子最长。在 3000 多年前的周王朝，人们第一次发现冬至这个节气，决定把冬至作为新的一年的开始。古人相信，从冬至这个节点起，太阳光逐渐回来，预示着下一个循环的开始，是大吉之日。

古人过冬至日的隆重程度和春节不相上下，各行各业的人都放假休息，人们走街访友，祭拜祖先，过一个"安身净体"欢乐的节日。这也是为什么我们总说"冬至大过年"。

2."九九歌"是什么意思

"冬九九"又叫"数九"，是描写冬天气温变化的一则民

江梅

间谚语。"冬九九"一般从冬至这天开始，每九天算成一段，一直到九九八十一天结束。人们认为过了这八十一天，春天就要来了，天气也将变得暖和了。所以"九九歌"既是描述冬天寒冷的变化，也是对春天的盼望。

那"九九歌"是什么意思呢？

"一九二九不出手"：在冬至后的两个九天里，天气开始变冷了，人们冻得都不想把手露在外面。

"三九四九河上走"：再过两个九天，河面上结了厚实的冰，可以在上面玩耍了。

"五九六九沿河望柳"：在冬至后第五六个九天，天气慢慢回暖，柳树开始发出嫩芽。

"七九开河，八九雁来"：到了冬至后第七个九天，河里的冰融化了；到第八个九天的时候，大雁开始向北方飞。

"九九又一九，耕牛遍地走"：冬至后第九个九天，春天已经到来了，农民伯伯又开始用牛耕田了。

等到冬至的时候，小朋友们可以按照"九九歌"里数九的方式，看看有没有发生这样的变化。

冬至的到来，提醒人们严寒不远了。古人认为过了冬至后的九九八十一日，春天就会到来。

3. "九九消寒"——"寒梅图"

在古代，"数九"是很有生活情趣的。古人发明了"九九消寒图"，画一枝白梅花，枝上有九朵梅花，每朵梅花有九个花瓣。从冬至起，每天用笔将一瓣白梅涂红，待到纸上白梅红遍，山花烂漫时，"九九寒天"就结束了。

相传画《寒梅图》的做法始于民族英雄文天祥，他在抗击元朝士兵的过程中被俘，被押解到北京。当时正值数九寒天，文天祥在监狱的墙上绘了81格，每天用笔墨涂一格，坚信寒冬必将过去，春天一定会来临。

4. 冬至的15天内有
哪三种物候

一候蚯蚓结：冬至的第一个五天内，如果你翻开泥土，多半会发现蚯蚓蜷缩着身体，跟打了结一样。蚯蚓对气候的感知非常敏锐，它喜欢温暖，但害怕被晒，喜欢潮湿但又不能被水泡。入冬时它把自己的头朝下，等到冬至，敏感的蚯蚓会和我们人一样，遇冷就蜷缩起来。

二候麋角解：冬至的第二个五天，雄性麋鹿会蜕去自己的犄角。麋鹿是世界珍惜动物，和其他鹿一样有着长长的犄角，可是它的脸长得像马，脖子像骆驼，屁股像驴，所以又叫"四不像"。如果你在冬至这天到动物园去，你很可能看到有的麋鹿头上只顶着一只犄角，有的麋鹿两只角都没有了，你可不要以为是有人偷走了麋鹿的犄角。这是正常生理现象。麋鹿每年这个时候都要脱角，等到春天就会再长出新角。

潘川/绘　堆雪人

三候水泉动：冬至的第三个五天，山泉水可以流动并且温热。在古人眼中，山泉水是饮用水中的佳品，用山中流动的清爽泉水泡出来的茶是最好的。

5.张仲景发明的祛寒娇耳汤

冬至时节没有什么农活儿要忙，正是享受生活的好时候。这个时节，家家户户都在准备过节休息呢。要过节怎么能没有好吃的呢？说到这儿，我给你出一个谜语：

潘川/绘　节气词话

前面来了一群鹅，

扑通扑通跳下河。

等到潮水涨三次，

一股脑儿赶上坡。

你猜出来没有？答案就是饺子。"冬至到，吃饺子"，各种好滋味都包在香香的饺子里，一口吃下去，感觉特别幸福。

小朋友们，你们知道饺子是怎么来的吗？

饺子的原名叫"娇耳"，你平时包的饺子是不是形状有点像耳朵呢？相传饺子是我国古代著名医学家张仲景发明的。张仲景所处的年代是东汉末年，那是历史上极为动荡的时期，常年战争不断，民间瘟疫爆发，老百姓生活得很艰苦。有一年冬天，张仲景在回乡路上看到很多又饿又冷的穷苦人冻烂了耳朵，他见了心里很难受。回到家乡后，在冬至这天，张仲景让弟子在空地上架起了一口大锅。干什么呢？煮饺子。

其实，那时候还不叫饺子，张仲景把它叫作"祛寒娇耳汤"，就是把羊肉、辣椒和祛寒的药材放在锅里煮，煮好后捞出来切碎，再用面皮一包，形状像"娇耳"一般。下锅煮熟后，分给人们吃，每人两只娇耳、一碗汤，喝下以后浑身发热，耳朵也变暖了。后来，每到冬至入九的时候，人们便会吃饺子。

6.出生在冬至的小朋友是摩羯座

摩羯座出生在 12 月 22 日—1 月 19 日之间，在冬至节气出生的小朋友是摩羯座。

在希腊神话中，摩羯座源于牧神潘。

牧神潘出生后长得怪模怪样，他上半身是人形，下半身却是羊腿，头上还长着两只角。诸神都非常喜欢奇异的潘，宙斯更是非常喜爱他，让他担任牧神。

在奇怪的外表下，潘却有一颗热情奔放的心，他会吹出动人的箫声。一次，众神们聚在一起开怀畅饮，宙斯邀请潘吹箫助兴。这时，冲进来一只可怕的怪兽，众神纷纷逃跑。

正在弹琴的美丽仙子被吓坏了，眼看怪兽就要靠近她了，潘赶紧跳到她面前，抱起她就跑。为躲避怪兽，潘跳入溪流中，将仙子举过河面。待怪兽离开后，潘发现自己的下半身竟然变成了一条鱼。宙斯看到后觉得非常有趣，便把潘半羊半鱼的样子作为了摩羯座。

小寒
——墙角数枝梅，凌寒独自开

小寒虽然"小"，却是一年中最冷的日子，到处都是天寒地冻、白雪皑皑的景象。有民间谚语是这样说的：

小寒大寒，滴水成冰。

小寒胜大寒，常见不稀罕。

小寒大寒不下雪，小暑大暑田开裂。

小寒大寒寒得透，来年春天天暖和。

小寒时节，万物凋零，只有梅花冒着严寒独自开放，王安石有一首诗《梅花》就是这样讲的：

多多朗诵 小寒

梅花

[北宋] 王安石

墙角数枝梅，凌寒独自开。

遥知不是雪，为有暗香来。

潘川/绘　打雪仗

小寒
——正是围炉夜话时

1.一年中最寒冷的日子到来了

小寒的这个"寒"字，和大暑小暑的"暑"字一样，都是表示气温冷暖的程度。小寒是农历二十四节气中的第二十三个节气，始于每年的1月5—7日之间。小寒是冬季的第五个节气，俗话说："冷在三九。"小寒正好处在三九前后，所以小寒标志着一年中最寒冷的日子到来了。

2.小寒的15天内有哪三种物候

虽然小寒是最寒冷的时节，但古人还是在冰天雪地里发现了一些活跃的物候现象。

一候雁北乡：小寒的第一个五天内，大雁开始从南方出发向北方飞。

古人认为大雁具有仁、义、礼、智、信五种品格。仁，是因为大雁在飞行的时候，即使有小雁或者生病受伤的老雁，也会照顾它们，不会让一只大雁掉队。义，是说大雁很有情义，传说大雁是一夫一妻制，雌雄大雁如果有一方死去，另一只也会难过而死。礼，是因为大雁在飞行的时候总是排着整齐的队伍，所以古人认为大雁很有礼貌。智，是说大雁有智慧，如果一群大雁落地休息，总会有一两只大雁负责放哨警戒。信，是指大雁的南北迁徙，每年如此，从不失约。正是因为大雁的这些品格，所以在中国文化中把大雁作为文明和礼仪的象征。

二候鹊始巢：小寒的第二个五天，虽然天寒地冻，但是喜鹊却冒着严寒开始筑巢。喜鹊的适应能力很强，它们喜欢在人类活动多的地方居住，是城市中比较常见的一种小鸟。由于喜鹊筑巢要花上几个月的时间，所以早早就开始工作了。在高大的树冠上，喜鹊衔来树枝、河泥等材料，先搭出巢的外形，再精心完成内部的装修。喜鹊搭建出一个温暖结实的小窝，大概要花上四个月的时间。

三候雉（zhì）始雊（gòu）："雉"其实就是野鸡，"雊"是鸣叫的意思。小寒的第三个五天，野鸡开始鸣叫。雄雉的尾巴很长，羽毛鲜艳美丽；雌雉的尾巴短些，羽毛是黄褐色，身体较小。雉喜欢走路，它虽有漂亮的羽毛，但是不太会飞。

为什么小寒的物候都这么生动活跃呢？因为小寒虽然是最寒冷的天气，但是小寒、大寒过后，就要迎来新一年的立春。鸟儿们也因为感觉到春天的蠢蠢欲动，所以开始活动起来。

潘川/绘　竹报平安

3.腊八节——过了腊八就是年

小寒之后，有一个重大的节日，就是腊八节。此时此刻，天地完成了一年的工作，人们为了感谢天地赐予的果实，祭祀祖先和神灵，以祈求来年丰收和吉祥。

我国在宋代就有喝腊八粥的习俗，至今已有一千多年的历史。每逢腊八这一天，不论是朝廷、官府、寺院还是黎民百姓，都要熬一大锅腊八粥。到了清朝，在宫廷里，皇帝、皇后、皇子等都要向文武大臣、侍从宫女赏赐腊八粥，并向各个寺院发放做腊八粥用的各种米。在民间，家家户户也要煮腊八粥。如果腊八粥吃完，还有剩下来的，就会被认为是"年年有余"的好兆头。

腊八粥是怎么做的呢？传统的腊八粥是由很多种食材做成的，要用四五种米，还要加上栗子、杏仁、桃仁、瓜子、花生、松仁和葡萄干等。粥里还要加上红糖和白糖，把所有的材料煮成特别黏稠的粥，吃起来又香又甜，黏黏糯糯的。

4.出生在小寒的小朋友是摩羯座

摩羯座出生在 12 月 22 日—1 月 19 日之间，在小寒节气出生的宝宝是摩羯座。

在天空中，摩羯座位于天鹰座和宝瓶座的南面、人马座的东面。摩羯座呈一个倒三角形，在天空中很容易辨认，不过组成的星星都比较暗淡。你可以把摩羯座想象成勇敢的潘，长着鱼的尾巴，羊的身体，十分有趣。

大寒
——春天还会远吗，离春天还有十五天

　　大寒来了，它是农历年的最后一个节气，过了大寒就是立春，又迎来新一年的节气轮回。天气虽然很冷，但是因为接近春天，已经有一些温暖的感觉了。有一首小诗是这样说的：

　　草黄花不开，树枝像枯柴；

　　虫儿不见面，鸟儿也很呆。

　　唉！可怕的冬天，你为什么来？

　　太阳光微微，寒风呼呼吹；

　　黑云密密铺，白雪纷纷飞。

　　喂！可怕的冬天，你来吓唬谁？

　　麦不爱暖和，白菜不爱热；

多多朗诵 大寒

潘川/绘　竹报平安

雁要寒天来，熊也热不得。

呵！我来送冷的，你们怕什么？

冷风呼呼刮，冰冻雪落下；

冰把泥土送，雪把害虫杀。

哈！我来耕地的，你们不用怕。

　　在这个时节，人们开始忙着准备年货了，因为中国人最重要的节日——春节就要到了。

大寒
——寒之至，春之始

1.为什么说"小寒胜大寒"

大寒始于在 1 月 19—21 日之间。民间有谚语说"过了大寒，又是一年"，大寒的到来，意味着农历意义上的一年即将结束，新生的春天不远了。同小寒一样，大寒也是表示天气寒冷的程度。

大寒、小寒哪个更冷呢？听起来大寒更冷一些，但是从气温记录上来看，很多时候"小寒胜大寒"，小寒反而更冷些。大寒仍旧很冷，尤其在北方地区，地面积累了厚厚的雪，冰天雪地里，凛冽的寒风刮在脸上能感觉到刺痛。所以也有谚语说"小寒大寒，冻成冰团"。如果这时候到东北，你会看到一个冰雕玉琢的世界。

2.大寒的15天内有哪三种物候

虽然大寒很冷，但是它的物候却很温馨。

一候鸡乳：大寒的第一个五天内，母鸡开始产蛋、孵化小鸡。在古代，因为冬季白天短，天气冷，鸡会消耗很多能量，

松

所以很少会在冬天下蛋。而大寒之后，母鸡也感觉到春天越来越近，所以开始下蛋孵小鸡了。在寒冷的冬天，生命的孕育是一件多么温馨的事啊。

二候征鸟厉疾：大寒的第二个五天，鹰隼之类的猛禽变得很凶猛，它们开始在空中盘旋，到处寻找食物，积蓄能量来抵御严寒。

三候水泽腹坚："水泽"是指河湖沼泽。大寒的第三个五天，河湖沼泽中的水结成了冰，连水中央最深的地方都结成了厚实的冰。

3.过小年——春节的序曲

大寒虽然天寒地冻，但春天的脚步越来越近，中国人最重要的节日——春节就要到了。小年在腊月二十三，是春节的序曲，意味着人们要为迎接新年做准备了。

在小年这天，家家户户要准备各种好吃的，来迎接家庭的守护神——"灶神"。灶神又叫灶王爷，是指厨房的神仙，他负责每日记录一家人的言行，到了腊月二十三这天向玉皇大帝报告。为了让灶王爷高兴，家家户户都会摆好点心祭拜灶王爷。有的人家还会摆上用麦芽糖做的糖瓜、糖饼，希望灶神能多向玉皇大帝美言几句。

4.扫尘——为新一年开个红红火火的好头

过完小年，腊月二十四有一个传统的习俗——打扫房子。传说，有个坏神仙在玉帝那儿告状，说人间诅咒天帝。玉帝听后很生气，命令手下查明对天神不敬的人家，留下蜘蛛网作为记号。除夕夜，玉灵官来到人间，发现家家户户窗明几净，人间一片祥和、幸福美满。玉帝这才知道受了坏神仙的蒙骗。从此，人们养成了扫除的民间习俗。扫尘不仅是扫除家中各个角落里积攒的灰尘，也有除旧迎新的意义。

清扫了灰尘，还要加点装饰才有年味呀。有一项小朋友很喜欢的习俗就是贴窗花。窗花其实就是剪纸，用红色的纸剪成各种形状和图案，把它们贴在窗户上。过年的时候小朋友可以自己尝试剪个窗花，把漂亮的窗花贴在窗户上，为新一年开个红红火火的好头。

潘川/绘　福到了

5.除夕是怎么来的

传说古代有一个凶猛的恶兽叫作"年"，它有庞大的身躯，头上长着无数尖角，脑袋上青面獠牙，眼睛圆滚滚的，还有一张血盆大口。每年最后一天的夜里，"年"就会跑出来四处吃人和家畜，祸害百姓。每年快到年底的时候，人们就会带着老人和孩子到附近的竹林里躲藏起来，躲避"年"兽。

有一年一个小孩告诉大家，他有办法可以赶走"年"。大家虽然半信半疑，但还是按照小孩说的在家门口挂了红布。夜里"年"来到村里，发现村里气氛与往年不同，这时村里传来"砰砰啪啪"的鞭炮声，吓得"年"浑身战栗，赶紧逃跑了。原来，"年"最怕红色、火光和鞭炮声。

第二天正是正月初一，乡亲们走出家门，看左邻右舍是不是安全，见面后互相说些吉利话，希望来年"年"兽不要再来。

大寒时节，虽然天气很冷又没有生机，但春节期间各种有趣的习俗却为我们的生活增添了很多的欢乐。过完年就意味着小朋友们又长大了一岁，你有什么心愿吗？听说在除夕夜守岁的时候，悄悄许下心愿，也许就会实现哟，过年的时候你可以试试看。

6.为什么小朋友过年会收到压岁钱

古代有一个叫"祟"的小妖怪，它长着黑黑的身体、白白的手，每年会在除夕夜跑来摸小孩儿的脑门。熟睡的孩子们会被"祟"吓醒，有的还会说梦话、发烧。人们担心"祟"来伤害孩子，整夜点灯不睡觉，这就叫"守祟"。

有一户人家，为了逗孩子玩，将八枚铜钱放在孩子枕边，半夜妖怪"祟"刚想摸孩子脑门，看到铜钱发出的金光，立即吓得逃跑了。于是，人们纷纷效仿，在除夕夜给孩子"压祟钱"，"祟"就不敢来了。渐渐地，形成给孩子"压岁钱"的习俗，希望孩子能平平安安，健康成长。

7.出生在大寒的小朋友是水瓶座

水瓶座出生在1月20日—2月18日之间，在大寒节气出生的小朋友是水瓶座。

在天空中，水瓶座位于摩羯座和双鱼座之间。

水瓶座的面积很大，由一大片暗星组成。由于水瓶座的亮星不多，所以想在天空中直接发现并不容易。要想找到水瓶座，先要找到飞马座，仔细观察飞马座的南面，便能发现一个手持宝瓶正在天空中倒水的美少年，那就是水瓶座。

图书在版编目（CIP）数据

多多读书：二十四节气的秘密/喜马拉雅APP著. ——
北京：北京联合出版公司，2019.7
ISBN 978-7-5596-3271-5

Ⅰ.①多… Ⅱ.①喜… Ⅲ.①二十四节气–儿童读物
Ⅳ.①P462-49

中国版本图书馆CIP数据核字(2019)第104221号

多多读书：二十四节气的秘密

项目策划	紫图图书 ZITO®
监　　制	黄　利　万　夏
著　　者	喜马拉雅APP
喜马拉雅 策划团队	周晓晗　张怡暄　唐赛子　易　越 韩悦思　梁子源　申晓笛　王昱杰 李晓冬　施梦妮　付钰琦
责任编辑	管　文
特约编辑	马　松　刘长娥　张久越
绘　　者	潘　川
装帧设计	紫图装帧

北京联合出版公司出版
（北京市西城区德外大街83号楼9层　100088）
天津联城印刷有限公司印刷　新华书店经销
120千字　787毫米×980毫米　1/16　14.5印张
2019年7月第1版　2019年7月第1次印刷
ISBN 978-7-5596-3271-5
定价：89.90元

未经许可，不得以任何方式复制或抄袭本书部分或全部内容
版权所有，侵权必究
本书若有质量问题，请与本公司图书销售中心联系调换
纠错热线：010-64360026-103